消防搜救犬
训养技术

中国救援广东机动专业支队　主编

XIAOFANG SOUJIUQUAN
XUNYANG JISHU

中山大學出版社
SUN YAT-SEN UNIVERSITY PRESS

·广州·

图书在版编目（CIP）数据

消防搜救犬训养技术/中国救援广东机动专业支队主编 . —广州：中山大学出版社，2024.4

ISBN 978 - 7 - 306 - 08054 - 7

Ⅰ. ①消… Ⅱ. ①中… Ⅲ. ①搜索—军犬—训练—教材 ②搜索—军犬—驯养—教材 Ⅳ. ①E965 ②S829.2

中国国家版本馆 CIP 数据核字（2024）第 050389 号

XIAOFANG SOUJIUQUAN XUNYANG JISHU

出　版　人：王天琪
策划编辑：曾育林
责任编辑：曾育林
封面设计：曾　斌
责任校对：郑雪漫
责任技编：靳晓虹
出版发行：中山大学出版社
电　　话：编辑部 020 - 84113349，84110776，84111997，84110779，84110283
　　　　　发行部 020 - 84111998，84111981，84111160
地　　址：广州市新港西路 135 号
邮　　编：510275　　　　　传　真：020 - 84036565
网　　址：http://www.zsup.com.cn　　E-mail：zdcbs@mail.sysu.edu.cn
印　刷　者：广州市友盛彩印有限公司
规　　格：787mm×1092mm　　1/16　　14.875 印张　　285 千字
版次印次：2024 年 4 月第 1 版　　2024 年 4 月第 1 次印刷
定　　价：60.00 元

前　　言

　　近年来，全球的地震、泥石流、建筑倒塌等灾害事故越来越多，消防救援队伍作为"国家队、主力军"，面临的"全灾种、大应急"职能任务也不断增加，职业化、专业化、规范化的发展方向也更为明确，构建以实战救援为导向的"训、战、研、学、教"搜救犬建设体系是实现战斗力提升这一核心目标的重要途径。目前，我国消防搜救犬领域尚未形成专业、系统的理论体系。本书在总结近10年来消防搜救犬专业队伍建设发展的基础上，深入调研总结，着眼实战实用，探索训养标准，规范救援程序，边编写，边试训，边总结，边完善，不断地提高本书的系统性、实用性、通用性。

　　本书主要针对搜救犬的基础知识、队伍建设、饲养管理、训练技术、行为心理以及常见疾病预防、治疗、康复等方面的相关工作事项进行简述，并结合消防救援队伍的职能任务实际需求，重点对搜救犬的队伍建设、饲养管理、训练技术、救援程序等进行详细阐述，为消防救援队伍搜救犬专业队伍向"职业化、专业化、规范化、体系化"高质量发展奠定坚实的基础。

　　本书在广东省消防救援总队灭火救援指挥部的统一领导下，由中国救援广东机动专业支队牵头组织编写，共7章33节。参编人员在进行编写时紧密协作、扎实调研、潜心钻研、精益求精。其中，第一章由李战凯、田士雨编写，第二章由罗民军、周吉林编写，第三章朱国营、何礼兵、朱武编写，第四章由刘东军、朱武、周吉林编写，第五章由吴晓军、满强、李英编写，第六章由陶晓冉、朱武、周吉林编写，第七章由李玉龙、石程涛、龙啟成编写，技术动作由陈加涛、胡明东、吕建军、梁超明、田士雨、傅志鹏、韩悌泽、周明烟演示，全书由刘东军统稿。

　　本书在编写过程中，得到了广东省消防救援总队领导、中国救援山东搜救犬机动专业支队、中国救援云南搜救犬机动专业支队、华南农业大学兽医学院、中国救援广东机动专业支队全媒体工作中心和广州市白云区粤鹰救援服务中心等单位的大力支持，在此一并表示衷心的感谢。本书编写时，参考吸收了国内外众多学者的研究成果，这些成果为本书的撰写提供了丰富的素材，在此深表谢意。同时，对由于疏忽而未注明引用者的姓名和论著的出处深表歉意。

本书的编写虽经过长时间酝酿和深思熟虑，力求将搜救犬训养技术最新成果展示给读者，但由于编者水平有限，书中难免有疏漏和不当之处，在此恳请各单位和广大读者在使用中提出宝贵意见，以便再版时修改完善。

郑重声明：本书仅作为搜救犬训养技术学习、训练、管理和应用的辅助教材，书中所涉观点理念、装备配置和技术动作等仅供参考，并不具唯一性，严禁将本书用于无专业指导下的自学训练或搜救行为。

编委会

2024 年 3 月 31 日

目　　录

第一章　搜救犬基础知识

第一节　搜救犬的发展

搜救犬的历史可以追溯到公元 950 年。在瑞士和意大利边境的一家修道院，一位修道士训练了一只狗，帮助救护了很多在该山区遭遇雪灾的难民，该犬也被认为是历史上的第一只搜救犬。修道院在 16 世纪被毁于火灾，因此失去了所有记录，其后 300 年间，有记载的搜救犬仅在该地区就挽救了 2500 多人的性命。

历史上最著名的一只搜救犬名叫"白瑞"，它一生共成功挽救过 40 多人的性命！1800—1810 年，一只名叫"巴里"的圣伯纳犬是历史上最著名的搜救犬。巴里一共救了 40 人，传说巴里要救第 41 个人时被误认为狼而被杀了。但这只是传说。事实上，巴里于 1814 年在瑞士伯尔尼被实施安乐死。在它死后长达半个世纪里，在瑞士的收容所的犬均被叫作巴里犬。伯尔尼的自然历史博物馆里至今仍保存着巴里的肖像。

我国在 2001 年 4 月组建了中国国家地震灾害紧急救援队，又名"中国国际救援队"，随后成立了搜索犬分队。经过近 2 年的训练，在 2003 年 2 月 24 日新疆维吾尔自治区伽师巴楚发生地震后的 15 h，6 条搜索犬奉命出征并且出色地完成了搜索任务。这是我国首次利用搜索犬进行地震救援。

近年来，重大自然灾害日趋频繁，2008 年的四川汶川地震、2010 年的青海玉树地震都造成了人民群众的巨大伤亡。公安消防部队作为担负重大地质灾害救援的重要力量，要在第一时间寻找生存者，开展实施救援的任务沉重。

2010 年 7 月，公安部消防局专门下发了《关于加强和规范公安消防部队搜救犬队伍建设的通知》，指出要在全国建设 2 个消防搜救犬培训基地，在 6 个国家陆地搜寻与救护基地和各总队组建消防搜救犬队。依托现有的山东消防总队和云南昆明消防支队搜救犬培训基地，组建 2 个公安消防部队搜救犬培训基地，作为总队的搜救犬队，并在此基础上逐步发展，承担全国公安消防部队搜救犬的业务培训、常态复训、技术指导、繁殖培育及所在省域灾害事故人员搜救任务，对外称"公安消防部队东营搜救犬培训基地""公安消防部队昆明搜救犬培训基地"，在 2011 年底前要完成基地建设任务，并努力承担全国消防部队搜救犬初训和复训任务。由此，中国公安消防部队搜救犬队伍建设全面发展拉开序幕。

第二节 搜救犬的种类

原则上，一般体型适中，嗅觉灵敏，好奇心强，具有工作热情和耐力且有很好适应性的犬都可以被训练成为搜救犬。通常，出身猎犬家族的犬具备搜救犬的潜质。

目前，我国用于搜救的犬的品种主要有德国牧羊犬、马里努阿犬、拉布拉多猎犬、史宾格猎犬等，对人和其他犬会表现出攻击行为的犬不适合救生工作。另外，根据救援环境的不同还有一些特殊的要求，比如水上救援犬，不但要求犬具备较强的游泳能力，还要求其具备较好的体能，所以通常选用一些体型较大的犬，如纽芬兰犬；而山地搜救犬则需要有较好的体能且具备在高寒气候下野外工作的能力。

一、马里努阿犬

马里努阿犬（图1-1），又称为马林诺斯犬、马犬，其智商、灵活性、服从性、可训性都胜过其他工作犬，尤其是它的弹跳爆发力，更是令人吃惊，好的马里努阿犬可以爬树，越过3 m高墙轻而易举。马里努阿犬对主人绝对忠诚。目前，美国、德国、澳大利亚、中国等国家的军警界均已认识到这些特点，并开始引进和普及该犬种。

图1-1 马里努阿犬

【马里努阿犬性格特点】

马里努阿犬具有活泼兴奋、嗅觉灵敏、胆大凶猛、攻击力强、警觉性高、探求反射强、衔取兴奋、占有欲强、爆发力强、服从性好、弹跳力好、奔跑快、耐力持久等特点。从工作领域角度讲，适合刑事侦查、治安防范、缉毒、救援、检验检疫等工作领域；从专业领域角度讲，适合气味鉴别、追踪、物证搜索、搜捕、搜毒、搜爆、巡逻、警戒、护卫、守候、抓捕、防暴、救援等专业领域。

二、史宾格猎犬

史宾格猎犬（图1-2）属中型犬，身体结实有力。它的一对下垂的长耳朵柔软而又非常灵敏。当它表现友善时，它那条短小的尾巴会不断摆动。当它在最佳状态时，身体肌肉均匀且对称。它对人热情，而且具有长耳犬的活力及效用。现在史宾格猎犬常用于家庭陪伴、缉毒、搜爆、海关检疫、缉私、安检、寻回、寻猎、搜寻和水猎，为海关、机场、机关、港口等重要部门的用犬。

图1-2 史宾格猎犬

【史宾格猎犬性格特点】

相对于其他犬种，史宾格猎犬具有兴奋性高、占有欲望强、搜索耐力好等特点，但也具有胆量小、环境适应能力弱等缺点。

三、金毛寻回猎犬

金毛寻回猎犬（图1-3）是比较现代且较流行的犬种，俗称金毛，是单猎犬，为猎捕野禽而培养出来的寻回犬，游泳的续航力极佳。它是最常见的家犬之一，因为它很容易养，有耐心且对主人要求不多，只要定期地运动、进食和体检就可以了。金毛寻回猎犬的独特之处在于它讨人喜欢的性格，是匀称、有力、活泼的一个犬种，其特征是体态稳固、身体比例好，腿既不太长也不笨拙，表情友善，个性热情、机警、自信而且不怕生。金毛寻回猎犬最早是作为一种寻回猎犬，现在大多作为导盲犬和宠物犬，其对婴幼儿十分友善。金毛寻回猎犬在世界犬种的智商排行中位列第四。

图1-3　金毛寻回猎犬

【金毛寻回猎犬性格特点】

金毛寻回猎犬性格善良友好，对主人十分忠诚。它感情丰富，个性开朗，喜欢与小朋友玩耍，基于遗传上的特征，很喜欢运动，而且相当贪食。金毛寻回猎犬十分聪明，极富幽默感。正常情况下，它对其他犬或人不吠叫、不歧视。

四、拉布拉多猎犬

拉布拉多猎犬（图1-4）因原产地在加拿大的纽芬兰与拉布拉多省而

得名。拉布拉多猎犬是一种中型犬，个性忠诚、大气、憨厚、温和、阳光、开朗、活泼，智商极高，对人很友善，是非常适合被选作经常出入公共场合的导盲犬、地铁警犬、搜救犬及其他工作犬的品种，与西伯利亚雪橇犬和金毛寻回猎犬并列三大无攻击性犬类。拉布拉多猎犬的智商在世界犬类中位列第七。

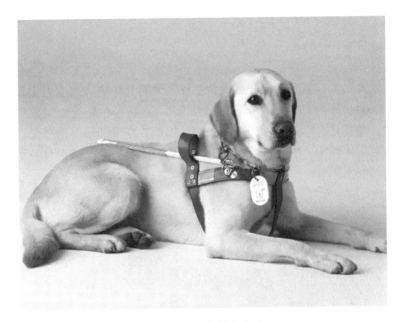

图1-4　拉布拉多猎犬

【拉布拉多猎犬性格特点】

拉布拉多猎犬十分聪明，警觉性高，善解人意；性格温顺，平稳，既不迟钝也不过于活跃；对人友善、忠诚，特别喜欢和人做游戏。

第三节　搜救犬的作用及工作原理

一、搜救犬的作用

随着搜救犬工作任务的不断拓展，搜救犬的作用逐渐得到了人们的广泛认可，搜救犬的工作能力也被人们进一步挖掘。实践证明，搜救犬除了能在废墟、雪崩区、高山进行搜救工作，还能发挥许多重要的作用。比如，其能在海洋、河流、洪水中参与救援，将食物或救生装备带给受难者，帮助清醒或半昏迷的受难者脱离险境；在火灾现场，其可利用灵活敏捷的优势，为消防员快速确定受难者的位置，并为受难者运送防火设备或帮助受难者脱离火灾危险。搜救犬能在突发性灾难现场完成搜索和简单的营救任务。根据救援环境，搜救犬可分为地震搜救犬、高山搜救犬、雪崩搜救犬、水上搜救犬、火灾搜救犬和灾害（龙卷风、飓风、爆炸等）救援犬等。

二、搜救犬的工作原理

搜救犬主要依靠嗅觉来开展搜救工作。犬对气味的辨别能力比人高出百万倍，听力是人的18倍，其不仅视野广阔，还具有在光线微弱条件下视物的能力，尤其是对移动的物体更加敏感。因此，通常利用犬的嗅觉，通过训练使犬对人体气味产生条件反射，进而观察犬的反应来开展人员及物体的搜索工作。

第四节　搜救犬的奖励

一、奖励的基本概念

奖励是在犬训练中最常用的手段，通常也是训练的关键。奖励是为了强化犬的正确动作，巩固犬的行为养成，调整犬的神经活动状态而采取的一种训练手段。奖励通常采用食物、玩具、抚拍、发自内心的开心的口头奖励等形式实施。

在训练过程中，要注意要把奖励分级，一般口头奖励、抚拍等为最低等级的奖励，这类奖励在训练中不要吝啬，当犬出现想要奖励的行为时要及时给予肯定。

在训练中，食物奖励也要分等级，一般情况下，我们会把犬经常吃的食物和最喜欢吃的食物从低到高排序，根据犬的喜好程度来定，如狗粮 < 鸡蛋 < 火腿 < 骨头 < 牛肉、鸡胸肉。

对于玩具奖励，犬一般喜欢的物品较多，训导员要通过日常观察，根据不同的犬给玩具分级，如毛巾 < 小咬包 < 球 < 麻棒 < 大咬包 < 咬枕。

为什么要将奖励分级？因为训犬是一个循序渐进的过程，并不是一蹴而就的，所以需要根据犬所表现出的行为给予不同的奖励，以便更好、更快地达到训练目的。

在训练过程中，关于奖励必须注意以下四点：

（1）奖励必须及时，不宜过早或过晚。

（2）奖励必须态度和蔼，以便使犬对训导员的肢体和情感信息同时建立条件反射。

（3）必须根据不同的训练科目、犬的不同情况等，采取不同的奖励方式。

（4）根据不同的训练阶段、不同的训练要求，正确、适度地运用奖励手段。

二、奖励的"二五定律"

（一）什么是"二五定律"

"二五定律"是近年来出现的新名词，是人类对训犬技术的新发现。这个定律科学地给出了犬对信号连接与断开的最佳时间点，给训练者训练提供了科学依据。

（二）"二五定律"的重要性

"二五定律"在训犬中的应用是不可或缺的。在过去的几十年里，老一辈军警犬训练者一直在不知不觉中使用"二五定律"对犬进行训练，取得了良好的效果，但由于对此缺乏科学的归纳与总结，导致训练整体水平上升缓慢。目前，训导员在训犬的过程中，不管是否了解"二五定律"的原理，也都在有意无意地运用。"二五定律"是犬学习快慢的关键因素，如果训练人员不了解"二五定律"的原理，就可能会在训练中出现很多问题。学习掌握"二五定律"的原理，在训犬时可提升训犬者自行解决问题的能力，对"二五定律"解读得越清晰，运用得也就越准确，犬科目形成正确的连接就越快，不良联系就会越少。因此，进一步探索与发现"二五定律"在训犬中的重要作用，并将其准确地运用到训练实践中具有非常重要的意义。

（三）"二五定律"中的"二秒"解析

2 s 以内是新旧信号连接的最佳时间段，如手势指令是旧的信号，口令为新的信号，要形成新旧信号之间的过渡，就要先下口令，并在 2 s 内做出手势引导。2 s 以内，是犬正确行为与确认信号连接的最佳时间段。

（四）"二五定律"中"五秒"的含义

理论上讲，新旧信号间隔 5 s 及以上就已经无法连接。但在实际训练过程中，超过 5 s 也并非绝对无法连接，而是不易连接，需要用 5 s 切断错误行为，再奖励正确行为。

第五节　搜救犬的选择

实践证明，并非所有的犬都具备基本的搜救素质。有些犬由于受先天遗传和后天个体生活环境等方面的影响，素质能力不能满足所需科目训练的要求，无法被训练为搜救犬。因此，要想训练出一只符合要求的搜救犬，首先必须严格选择受训犬。从某种意义上说，训练的成绩取决于受训犬选择的正确程度。选择好的受训犬并采取恰当的训练方法，不仅可以使训练工作取得事半功倍的效果，也能更好地适应实战的需要。

一、选择标准

搜救犬的选择标准主要包括体型外貌、犬龄、神经类型、感官和主要反应等方面。

（1）体型外貌：外观各部位匀称、紧凑，肌肉发达，体质健壮，姿态端正。

（2）犬龄：一般选择 6 个月以上至 3 周岁。

（3）神经类型：最好是兴奋型或活泼型，也可酌情选择安静型。

（4）感官：视力、听力良好，嗅觉灵敏，嗅认方式好。

（5）主要反应：猎取反应和探求反应占优势。

二、犬考查工作前的准备

受训犬的选择是通过多项考查进行的，因此，要做好考查前的准备工作。

（1）成立由考查员、助训员、犬主人、兽医等人员组成的考查组。考查工作应在考查员的统一指挥下有计划地进行。

（2）事先查阅犬的档案或向犬的主人及其他熟悉犬情况的人了解有关犬的血统，以及饲养员管理、培训等情况，以便考查时参考。

（3）选择犬不熟悉、引诱刺激少、有天然或人工隐蔽物的地点作为考查场地。

（4）准备好考查用的物品，如拴犬工具、测量仪器、音响器材（鞭炮、扩音器材）、食物、鞭条、考查记录表等。

（5）注意安排好考查顺序。被考查的犬中有公有母时，应先公后母。

三、程序和方法

搜救犬选择的程序和方法主要针对以下三个方面。

（一）体型外貌的考查

按照选择标准，遵循品种的主要性征，采用目测和仪器测量。

（二）年龄的鉴定

可根据档案、血统书或出生登记表上的出生日期进行确定和推算。

（三）神经类型的考查

犬一般分为4种神经类型，分别为强而不均衡型（兴奋型）、强而均衡灵活型（活泼型）、强而均衡安静型（安静型）、弱型。

1. 判定犬神经类型的方法

犬的神经类型可以在日常管理犬的自然条件下或训练过程中通过观察研究犬对不同刺激的反应情况进行初步判定。

2. 判定犬兴奋过程强度的方法

采用急响器或能发出音响的物品，如玩具机枪或小鞭炮等来判定兴奋过程的强度。方法是：当犬吃东西时，犬的主人以急响器或鞭炮等由远而近地在食盆旁发出响声，观察犬对声音刺激的反应。有的犬表现为对响声无反应而继续吃食；有的犬则可能一听到响声就停止吃食，但不离开食盆，仅表示探求反应后又继续吃食；还有的犬可能在最初听到响声而离开食盆，然后，又走近食盆照常吃食，不再对响声发生反应。有上述这些表现的犬可以认为它们的兴奋过程是强的或比较强的。反之，对那些被此类声音刺激所抑制而不再吃食的犬，则可认为是兴奋过程比较弱的犬。

利用步表（测定并记录犬的运动次数的仪表）判定犬兴奋过程强度。方法是：把步表挂在犬的颈上并将犬用长约2 m的铁链拴在某一固定的物体上，然后，犬的主人持食物在距离犬7～8 m的地方，反复唤犬的名字，并让犬看到食物（犬必须是饥饿的）。2 min 之后，检查步表上所记录下来的犬运动的次数。根据已有的经验，有些犬可以在 2 min 内做 360 次左右的运动，而有些犬只能做 20～30 次的运动。根据相关数据，可以将在 2 min 内运动超过 100 次的犬列为兴奋过程比较强的犬。如无步表，可通过观察犬的活动来记录，只要犬在 2 min 内不停地处于活动状态，就可认为其兴奋强度高。

也可通过在训练中观察犬对威胁音调口令的反应来判定犬兴奋过程的强度。兴奋过程强的犬，不会被威胁音调口令所抑制，而兴奋过程弱的犬却表现为极度抑制，甚至停止活动。兴奋过程强的犬在同一刺激频繁作用下，以及在搜索、搜救等较为复杂困难的训练科目中，也不容易产生超限抑制。反之，兴奋过程弱的犬常常不能负担这种训练。

3. 判定犬抑制过程强度的方法

可以在训练某些具有抑制性质的科目中判定。例如，观察犬搜索的表现或坐下不动的耐性，可以判定犬的分化抑制和延缓抑制的强度。具有强抑制过程的犬，能够迅速、准确地完成上述科目。抑制过程弱的犬，完成上述科目就比较慢，而且抑制过程易被解除。

4. 判定犬神经过程灵活性的方法

在训练中，有的犬能迅速地从一种神经过程转变为相反的神经过程。例如，灵活性好的犬，训导员发出"非"（抑制性）的口令以后，立即又发出"来"（兴奋性）的口令，犬能很快地从抑制状态中解脱出来，并迅速靠近训导员。而灵活性差的犬在较长时间内始终处于抑制状态，不能立即按照另一口令做出动作。灵活性好的犬还表现在能很快适应环境的变化，对于更换主人也能较快地熟悉，易于消退某些不良联系，灵活性不好的犬则与此相反。

四、生理机能的测定

（一）听觉的测定

犬的主人可在距离犬 50～60 m 的地方，用低声唤犬的方法来测定。也可以在考查犬的主要反应时，根据犬对助训员在隐蔽处发出低度声响的反应情况来测定。但在评定时，应考虑到当时其他外界刺激可能对犬产生的外抑制影响。此外，也可以在训练过程中通过用口令做距离指挥来测定。例如，犬对 50 m 处发出的普通音调口令不能给出相应动作反应时，证明犬的听觉可能有缺陷，但也应考虑到犬的训练程度和当时其他外界因素的影响。

（二）视觉的测定

可以观察犬对在眼前晃动的手或物品的反应。也可以采用类似测定听觉器官的方法，即在 50 m 处以手势进行距离指挥来测定。

（三）嗅觉的测定

可以采取让犬寻找分散在地面上的小肉块的方法来测定。如犬能很快发现肉块，即可认为其嗅觉是灵敏的。在测定时，犬应处于饥饿状态，并应使犬行动自由，测定地点也不应有其他引诱性刺激，撒肉块时不能被犬看到。此外，还可以采取让犬从若干石块或木块中嗅寻附有主人触摸 1 s 气味的石块或木块的方法，如犬能迅速找出，即证明其嗅觉是灵敏的。至于犬的嗅分析机能的精细程度，则要通过对鉴别训练的观察，根据犬对气味的辨别能力进行测定。如经多次训练，犬均能根据嗅源气味从多种相似的被鉴气味中准确地辨别出所求的气味，则可认为其嗅分析机能是良好的，但也应考虑到犬的训练程度和考查时的外抑制影响。

对于犬的上述感官，经过测定并进行全面细致的分析之后，凡确认为有缺陷的犬，均不能选为受训犬。

五、主要反应的考查

犬的主要反应是指犬的行为特点，通过考查来确定哪一种反应占优势。考查程序及方法如下。

按照考查员指示，助训员在犬的主人带犬到达考查地点之前先隐蔽于距离拴犬地点 50 m 处，考查员也在距离拴犬 20 ～ 30 m 的地方隐蔽起来，但必须选择能够清楚地观察到犬的行动和便于向犬的主人及训导员发出信号的地方。

犬的主人带犬到达考查地点后，用 1.5 ～ 2 m 长的牢固牵引带把犬拴在固定物体上。然后避开犬的视线，走向助训员隐蔽处对面且距犬约 50 m 处隐蔽起来。

当犬拴系片刻已习惯新的环境，并在主人离开后表现安静时，助训员根据考查员的信号在原地轻击木板。稍候，再发出较大的音响，如鞭炮声、扩音器声等。

待犬安静后，助训员根据考查员的信号走出来接近犬，用温和的音调唤犬的名字并给犬肉块吃，然后返回原地隐蔽。稍停片刻再拿木棒跳出来，装作打犬的样子逗引犬，然后又返回原地。随之，再拿肉块以正常态度走到犬跟前，唤犬的名字并给它吃，然后再回原处。

犬的主人根据考查员的信号，以普通音调唤犬的名字。待引起犬的注意后，将有食物的食盆送到犬的跟前，然后返回原地。当犬刚开始吃东西时，助训员拿木棒跳出来挑引犬，并佯装要将犬赶走，随后助训员返回原地。

犬的主人迅速接近犬，以温和的态度抚拍犬，并将食盆端起来喂犬。此时，助训员又出来进攻犬，犬的主人应给犬助威，使犬袭击助训员。助训员挑引犬后立即返回原地。

在上述各个程序的考查中，考查员除负责指挥外，还要仔细观察犬对各种刺激的反应，并及时准确地按考查表的内容做好记录。

六、主要反应的评定

探求反应占优势的犬在考查时的表现包括下列内容：

（1）兴奋地不断嗅地面和环顾四周。

（2）对主人的离去反应很弱，仍注意环境。

（3）听到音响就立即注意。当助训员接近时，向前仔细嗅或无所表示，仍继续环顾四周，嗅地面，不吃给予的食物。

（4）在助训员挑引时，只对助训员或环境表现探求，而不表现主动防御反应；当主人在场时，也不表现主动防御反应。

七、受训犬选择中应注意的问题

（1）应同时注意受训犬的体型外貌与神经类型，但应以犬的神经类型和主要反应为主。弱型、探求反应不占优势、猎取反射退化、反应呆滞的犬都不能选作受训犬。

（2）选择的犬应尽可能符合标准，但没有十全十美的犬，也要从实际出发。对于某些具有一定特长的犬，如符合某种专科作业训练需要的犬，也可以选作受训犬。

（3）对那些素质良好，仅由于饲养管理不当或培训欠佳等后天因素而出现某些异常的犬，只要有转化的可能，就不要轻易做出淘汰的结论。可通过更换主人和改善饲养管理条件、加强培训等方法，逐渐弥补不足，再通过考查确定是否选作受训犬。

（4）情况不明、恶习难改的成年犬不宜选作受训犬。因为这类犬服从性差，难以训练，而且往往对训导员采取抗拒态度。当训导员对其使用强迫手段时，犬可能会伤害训导员。

（5）目前选择受训犬的方法，主要是靠经验和简单的器具测定，特别是对神经类型的考查测定，并非一次就能判定的。因此，受训犬的选择可以根据不同的科目选择不同的品种，突出实用性的特点。在投入训练后，还需要对受训犬进一步考查。对不能达到训练要求的受训犬，如非训练方法不当，应考虑更换，以免浪费不必要的时间。

第二章　搜救犬队伍建设

第一节　结构组成

消防搜救犬队伍可配备队长1人，指导员1人，训导员12人，器材保管员1人，卫生员1人，文职人员1人（图2-1）。配备搜救犬运输车2辆。

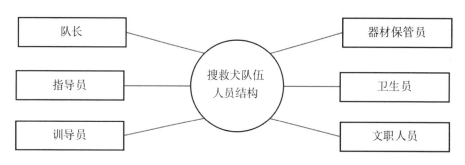

图2-1　搜救犬队伍人员结构

第二节　岗位职责

搜救犬队伍中各岗位按照职责分工互相配合、统筹协作是队伍发展和完成各项任务的前提和基础，各岗位分工及职责如下。

一、队长职责

（1）熟悉队伍情况，贯彻执行上级的指示要求。

（2）落实战备制度，完善战备措施，保持队伍良好的备战状态。

（3）组织领导队伍搜救犬训练工作，按照计划完成训练任务，提高队员技战术水平。

（4）科学制订救援行动计划方案，并管理、组织贯彻执行。

（5）教育和监督全队落实安全措施，预防各种事故、案件的发生。

（6）完成上级赋予的其他任务。

二、指导员职责

（1）教育和带领队员贯彻执行党的路线、方针、政策和国家的宪法、法律，执行国家综合性消防救援队伍的法规制度和上级的决议、命令、指示及党支部的决议。

（2）组织学习党的科学理论，坚持用习近平新时代中国特色社会主义思想武装队员，坚定队员的理想信念。

（3）组织开展思想政治教育，组织队员学习国家综合性消防救援队伍性质宗旨和优良传统，加强战斗精神培育。

（4）协同队长组织救援任务；做好战斗动员、宣传鼓动、立功创模活动；教育指战员坚决执行命令，英勇顽强，不怕牺牲，完成执勤战斗任务。

（5）掌握全队人员的思想情况和心理状况，关心爱护队员，做好队员思想政治工作和心理疏导工作，增强队员团结意识，保证圆满完成各项任务。

三、训导员职责

（1）加强政治理论学习和业务知识学习，增强综合素质。

（2）负责搜救犬日常饲养管理和科学训练工作，保证搜救犬的体质和体能状态，制订训练计划并做好训练总结。

（3）负责犬体健康和卫生，做好搜救犬疾病预防和治疗工作。

（4）负责对搜救犬训练物品进行养护和保管。

（5）负责所属搜救犬的档案建立及管理维护工作。

（6）严格执行规章制度，严格组织纪律，养成良好作风。

（7）落实安全措施，预防各种饲养事故。

（8）完成上级交办的其他工作任务。

四、驾驶员职责①

（1）熟练掌握车辆构造及车载固定装备的技术性能和操作方法，能够

---

①　前面人员结构没有提及"驾驶员职责"，因某些"训导员、卫生员"等也可以是驾驶员，其不是一个专职工作，所以未提及。

及时排除一般故障。

（2）负责车辆和车载设备的维护保养，及时补充车辆的油、水、电、气、灭火剂，保持良好的战备状态。

（3）熟练掌握交通法规和车辆管理规定，遵守交通规则、行车纪律、正确驾驶车辆，严格按照车辆派遣程序出车。

（4）熟悉车辆工作环境、注意事项，掌握各项应急措施和规避风险的方法，确保人员、车辆的安全。

（5）正确使用警灯、警报，熟悉通信联络方式。

（6）负责新驾驶员的培养和日常教育工作。

五、器材保管员职责

（1）按照器材技术标准和安全要求，做好器材的保管工作。

（2）做好安全防范工作，防止器材丢失。

（3）做好器材装备统计，建立台账资料。

（4）做好器材交接和送修记录，上报器材损耗情况。

（5）做好库存器材的维护保养工作。

六、卫生员职责

（1）贯彻执行上级部署和安排的任务，制订和实施搜救犬卫生消毒计划、防疫计划和实施方案。

（2）加强搜救犬的健康管理，定期进行健康普查，做好免疫、消毒等疫病预防工作。

（3）负责犬病防治知识的宣传教育工作，根据季节特点和发病规律，定期进行辅导、宣讲。

（4）负责对人员宿舍、餐厅、仓库、伙房、犬舍等进行卫生检查、消毒工作。

（5）刻苦钻研业务技术，了解疫病新动向，积极预防，杜绝病源入侵。

（6）加强药品管理，熟悉药品的剂型、规格、用途、用量及注意事项，并做好一般药品、特殊药品、生物制品的保存管理工作。

（7）建立健全搜救犬免疫保健档案。

（8）完成上级交办的其他工作任务。

七、文职人员职责

（1）加强业务学习，提升业务素质。

（2）做好各类文件的收发、登记和编号工作，及时建立档案。

（3）做好各类文书档案的保管及文印工作，严格落实保密制度。

（4）及时做好各类业务报表的统计、上报和储存工作。

（5）积极向报社、电台、电视台等宣传单位提供消防信息和报道稿件，严格落实保密制度，完成上级部署的消防宣传工作任务。

（6）完成上级交办的其他任务。

第三节　主要岗位人员能力要求

消防搜救犬队伍中，各岗位人员需要具备一定的业务能力素质，这样才能更好地维护队伍发展，圆满完成各项工作任务。

一、队长、指导员能力要求

（1）能制订训练与搜救行动预案、方案和计划。

（2）能制订队伍发展规划。

（3）能制订队员培训、管理、考核计划。

（4）能带领队伍开展日常训练，完成各种搜救任务。

（5）能协调、调整和整合各种训练和救援资源。

（6）能组织指挥各种搜救行动。

（7）能发现、分析和解决队伍存在的问题和难题。

（8）能熟练掌握组织指挥技能和搜救专业技术。

二、卫生员能力要求

（1）能定期进行健康普查，做好免疫、消毒等疫病预防工作。

（2）能根据季节特点和发病规律，定期组织进行辅导。

（3）能及时了解疫病新动向，积极预防，杜绝病源入侵。

（4）能熟悉药品的剂型、规格、用途、用量及注意事项，并做好一般药品、特殊药品、生物制品的保存管理工作。

三、训导员能力要求

搜救犬训导员是搜救犬队伍中的重要力量，其不仅需要具备搜救犬专业性知识，还需要有过硬的专业技能。

（一）专业知识要求

1. 初级训导员专业知识要求

（1）饲养管理。初级训导员在饲养管理方面应具备的专业知识要求包括下列内容：

A. 搜救犬简介、常见犬种和选择。

B. 受训犬的选择标准。

C. 犬的饲养原则、方法和注意事项。

D. 犬舍的卫生管理基本要求。

E. 犬的卫生管理基本要求。

F. 犬的生理习性。

（2）训教引导。初级训导员在训教引导方面应具备的专业知识要求包括下列内容：

A. 训导员及犬的基本防护装备、训练用具、训练器材的名称和用途。

B. 亲和训练的方法和注意事项。

C. 必训服从科目的训练要求、方法和注意事项。

D. "气味联系""人体气味搜索"的训练方法和要求。

（3）指挥应用。初级训导员在指挥应用方面应具备的专业知识要求包括下列内容：

A. 抢险救援头盔、救援服、救援靴、防护手套等基本防护装备的用途。

B. 消防员呼救器、方位灯、照明手电、电台等基本装备的性能、用途。

C. 废墟现场搜索定位的基本方法、要求和注意事项。

2. 中级训导员专业知识要求

（1）饲养管理。中级训导员在饲养管理方面应具备的专业知识要求包括下列内容：

A. 搜救犬运输起运前的准备注意事项。

B. 搜救犬运输途中和到达目的地后的饲养管理和注意事项。

C. 幼犬的饲养管理和注意事项。

D. 幼犬的培训和注意事项。

E. 搜救犬常见传染病的症状和预防措施。

F. 搜救犬疾病诊断时的保定操作要领。

（2）训教引导。中级训导员在训教引导方面应具备的专业知识要求包括下列内容：

A. 搜救犬训练中的使用。

B. 搜救犬必训服从科目的训练方法和注意事项。

C. 搜救犬运动能力的训练方法和注意事项。

D. 搜救犬搜救能力的培养方法和注意事项。

（3）指挥应用。中级训导员在指挥应用方面应具备的专业知识要求包括下列内容：

A. 地震、建筑坍塌等灾害事故救援规程及安全事项。

B. 搜救犬抢险救援基本工作程序及注意事项。

C. 搜救犬在建筑废墟、山地环境、丛林环境和雪地环境等现场搜索定位的基本方法、原理、要求和注意事项。

3. 高级训导员专业知识要求

（1）饲养管理。高级训导员在饲养管理方面应具备的专业知识要求包括下列内容：

A. 搜救犬临床检查的基本方法。

B. 搜救犬常见疾病的预防方法。

C. 搜救犬给药的基本方法。

D. 搜救犬常见急诊症状与护理技术。

E. 搜救犬突发损伤情况下的现场急救方法和注意事项。

（2）训教引导。高级训导员在训教引导方面应具备的专业知识要求包括下列内容：

A. 搜救犬选训服从科目集体服从的要求和注意事项。

B. 搜救犬必训服从科目的要求和注意事项。

C. 搜救犬搜救能力的培养方法和内容。

D. 搜救犬血迹搜索训练的要求和注意事项。

（3）指挥应用。高级训导员在指挥应用方面应具备的专业知识要求包括下列内容：

A. 搜救犬在救援现场的使用知识。

B. 搜救犬山体滑坡、泥石流、水域救援，以及野外追踪等现场搜救训练方法及注意事项。

4．训导技师专业知识要求

（1）饲养管理。训导技师在饲养管理方面应具备的专业知识要求包括下列内容：

A．病犬的饲养管理方法和注意事项。

B．饲养管理工作培训计划和教案的编制方法和要求。

C．饲养管理科目教学培训的基本要求。

（2）训教引导。训导技师在训教引导方面应具备的专业知识要求包括下列内容：

A．受训犬神经类型的考查方法。

B．受训犬生理机能的测定方法。

C．受训犬选择的内容、标准和考查的程序及方法。

D．受训犬主要反应的考查程序和方法。

E．训导技能教学培训的基本要求。

F．培训情况评估、分析、总结报告的方法和要求。

（3）指挥应用。训导技师在指挥应用方面应具备的专业知识要求包括下列内容：

A．组织灾害事故现场搜救的方法和要求。

B．救援现场被困人员和遇难人员尸体搜索的方法和要求。

C．搜救犬"水上救援"的训练方法和要求。

D．搜救犬"山体滑坡""泥石流"搜索的训练方法和内容。

5．高级训导技师专业知识要求

（1）饲养管理。高级训导技师在饲养管理方面应具备的专业知识要求包括下列内容：

A．搜救犬训导技师培训资料编制的方法和要求。

B．搜救犬选种的基本知识。

C．搜救犬选配的基本知识。

D．搜救犬繁殖培育工作基本知识。

E．各类搜救犬饲养管理工作基本知识。

F．应用技术报告撰写的方法和要求。

（2）训教引导。高级训导技师在训教引导方面应具备的专业知识要求包括下列内容：

A．搜救犬训导技师培训资料的撰写方法和要求。

B．搜救犬训导科目操作规程的编写方法和要求。

C．搜救犬训导技术、科目操作规程和注意事项。

（3）指挥应用。高级训导技师在指挥应用方面应具备的专业知识要求包括下列内容：

　　A. 针对各类灾害事故现场，制订出动编成和方案的相关要求。

　　B. 搜救犬训导员培训资料编制的相关知识。

　　C. 搜救犬训导员在灾害事故现场救援实施的相关知识。

　　D. 典型事故救援案例分析报告的撰写要求和方法。

　　E. 救援现场对搜救犬指挥使用的研究内容和要求。

（二）专业技能要求

1. 初级训导员技能要求

（1）饲养管理。初级训导员在饲养管理方面应具备的技能要求包括下列内容：

　　A. 识别、掌握搜救犬常见品种及特点。

　　B. 掌握受训犬选择的标准。

　　C. 掌握搜救犬的饲养原则。

　　D. 掌握犬舍的卫生管理基本要求。

　　E. 掌握犬卫生相关要求。

　　F. 掌握犬感觉机能的特点。

（2）训教引导。初级训导员在训教引导方面应具备的技能要求包括下列内容：

　　A. 识别使用犬衣、犬靴、诱导球、麻棒、木哑铃、脖圈、牵引带、训练绳、口笼等防护装备和训练器材。

　　B. 讲解示范建立亲和关系的基本方法。

　　C. 指挥搜救犬进行必训服从科目的训练。

　　D. 指挥搜救犬进行"人体气味联系""人体气味搜索"的训练。

（3）指挥使用。初级训导员在指挥使用方面应具备的技能要求包括下列内容：

　　A. 识别抢险救援头盔、救援服、救援靴、防护手套等基本防护装备。

　　B. 识别、使用消防员呼救器、方位灯、照明灯、对讲机等基本装备。

　　C. 指挥搜救犬对建筑废墟下浅层被困人员进行搜索定位。

2. 中级训导员技能要求

（1）饲养管理。中级训导员在饲养管理方面应具备的技能要求包括下列内容：

　　A. 掌握搜救犬运输起运前、运输途中和到达目的地后的饲养管理工作。

　　B. 掌握幼犬的饲养与管理。

　　C. 掌握幼犬的启蒙幼训和初期培训。

　　D. 掌握搜救犬常见传染病的症状及预防措施。

　　E. 掌握示范搜救犬疾病诊断时的保定方法。

　　（2）训教引导。中级训导员在训教引导方面应具备的技能要求包括下列内容：

　　A. 讲解示范搜救犬训练口令、手势的基本方法。

　　B. 示范搜救犬基础服从科目的训练。

　　C. 示范搜救犬翻越障碍科目的训练。

　　D. 示范搜救犬箱体搜索科目的训练。

　　E. 示范搜救犬废墟搜索科目的训练。

　　F. 讲解示范搜救犬禁止与拒食科目的训练。

　　（3）指挥使用。中级训导员在指挥使用方面应具备的技能要求包括下列内容：

　　A. 讲解搜救犬抢险救援工作程序及注意事项。

　　B. 指挥搜救犬对建筑废墟现场浅层遇险被困人员进行搜索定位。

　　C. 指挥搜救犬对山地环境遇险被困人员进行搜索定位。

　　D. 指挥搜救犬对丛林环境遇险被困人员进行搜索定位。

　　E. 指挥搜救犬对雪地环境遇险被困人员进行搜索定位。

　　3. 高级训导员技能要求

　　（1）饲养管理。高级训导员在饲养管理方面应具备的技能要求包括下列内容：

　　A. 掌握搜救犬临床检查的基本方法。

　　B. 掌握搜救犬常见疾病的预防方法。

　　C. 讲解示范搜救犬给药的基本方法。

　　D. 讲解示范搜救犬日射病（热射病）的急救和预防措施。

　　E. 掌握搜救犬突发损伤情况下现场急救方法。

　　（2）训教引导。高级训导员在训教引导方面应具备的技能要求包括下列内容：

　　A. 组织开展搜救犬集体作业科目的训练。

　　B. 讲解、示范基础服从科目的训练。

　　C. 讲解、示范箱体搜索科目的训练。

　　D. 讲解、示范废墟搜索科目的训练。

E. 掌握血迹搜索科目的训练。

（3）指挥使用。高级训导员在指挥使用方面应具备的技能要求包括下列内容：

A. 掌握救援现场紧急情况下对搜救犬的应急管理方法和注意事项。

B. 指挥搜救犬在山体滑坡现场搜索定位遇险被困人员。

C. 指挥搜救犬在泥石流现场搜索定位遇险被困人员。

D. 指挥搜救犬在水域环境搜索、营救遇险被困人员。

E. 指挥搜救犬在野外环境下搜寻被困人员。

4. 训导技师技能要求

（1）饲养管理。训导技师在饲养管理方面应具备的技能要求包括下列内容：

A. 掌握病犬的饲养管理方法。

B. 能制订饲养管理工作培训计划和编写教案。

C. 能对初级、中级、高级搜救犬训导员进行饲养管理授课。

D. 能针对培训情况进行分析、评估、总结。

（2）训教引导。训导技师在训教引导方面应具备的技能要求包括下列内容：

A. 掌握受训犬神经类型的考查方法。

B. 掌握受训犬生理机能的测定方法。

C. 掌握受训犬考查要求、程序及方法。

D. 掌握搜救犬共同科目和消防应用科目训练技能，指导初级、中级、高级搜救犬训导员的技能训练。

E. 能对培训情况进行评估、分析、总结。

（3）指挥使用。训导技师在指挥使用方面应具备的技能要求包括下列内容：

A. 能指导和组织开展灾害事故现场搜救。

B. 能组织开展搜救犬对救援现场被困人员和遇难人员的搜索定位工作。

C. 能组织开展搜救犬水上救援工作。

D. 能组织开展山体滑坡和泥石流灾害被困人员的搜索。

5. 高级训导技师技能要求

（1）饲养管理。高级训导技师在饲养管理方面应具备的技能要求包括下列内容：

A. 掌握训导技师饲养管理培训资料的编写方法和要求。

B. 掌握搜救犬选种的基本分法和标准。

C. 能结合搜救犬饲养管理、繁殖培育、疾病防治等工作提出改进意见和建议，撰写技术论文。

（2）训教引导。高级训导技师在训教引导方面应具备的技能要求包括下列内容：

A. 能编写搜救犬训导技师培训资料。

B. 能编制搜救犬训导科目操作规程。

C. 能系统讲解搜救犬训导技术、科目操作规程和注意事项。

D. 能对搜救犬训导技术应用提出改进意见和建议，能撰写技术报告和论文。

（3）指挥使用。高级训导技师在指挥使用方面应具备的技能要求包括下列内容：

A. 能针对各类灾害事故现场，制订搜救犬出动编成和方案。

B. 能编写搜救犬训导员消防应用培训资料。

C. 能组织训导员对各类灾害事故开展救援工作。

D. 能针对典型事故救援案例撰写分析报告。

E. 能对搜救犬在灾害事故现场的指挥和使用提出改进意见和建议。

第四节　训导员资质认定

搜救犬训导员职业等级参照国家职业资格共设置五个等级，由低到高分别为初级训导员（国家职业资格五级）、中级训导员（国家职业资格四级）、高级训导员（国家职业资格三级）、训导技师（国家职业资格二级）和高级训导技师（国家职业资格一级）。

一、初级训导员资质认定

具备以下条件之一者可申报初级训导员鉴定：

（1）经本职业初级正规培训达到规定标准学时数，并取得结业证书。

（2）连续从事本职业工作1年以上。

二、中级训导员资质认定

具备以下条件之一者可申报中级训导员鉴定：

（1）取得初级职业资格证书后，从事本岗位工作2年以上，经本职业中级正规培训获得规定标准学时数，并取得结业证书。

（2）取得初级职业资格证书后，从事本岗位工作 4 年以上。

（3）连续从事本职业工作 6 年以上。

三、高级训导员资质认定

具备以下条件之一者可申报高级训导员鉴定：

（1）取得中级职业资格证书后，从事本岗位工作 3 年以上，经本职业高级正规培训获得规定标准学时数，并取得结业证书。

（2）取得中级职业资格证书后，从事本岗位工作 5 年以上。

（3）取得中级职业资格证书，具有大专以上本专业毕业证书，并连续从事本职业 2 年以上。

四、训导技师资质认定

具备以下条件之一者可申报训导技师鉴定：

（1）取得高级职业资格证书后，从事本岗位工作 3 年以上，经本职业技师正规培训获得规定标准学时数，并取得结业证书。

（2）取得高级职业资格证书后，从事本岗位工作 4 年以上。

（3）取得高级职业资格证书，具有大专以上本专业毕业证书，并连续从事本职业 3 年以上。

五、高级训导技师资质认定

具备以下条件之一者可申报高级训导技师鉴定：

（1）取得技师职业资格证书后，从事本岗位工作 5 年以上，经本职业高级技师正规培训获得规定标准学时数，并取得结业证书。

（2）取得技师职业资格证书后，从事本岗位工作 6 年以上。

六、培训内容及要求

训导员的培训内容主要根据搜救犬训导员不同职业等级对其专业知识和专业技能要求，从饲养管理、训教引导和指挥应用这三个方面开展系统学习培训。其中，初级训导员不少于 360 个标准学时，中级训导员不少于 280 个标准学时，高级训导员不少于 400 个标准学时，技师不少于 400 个标准学时，高级技师不少于 560 个标准学时。

第五节　搜救犬救援工作程序

搜救犬在救援现场的救援程序直接影响搜救犬救援效率，只有按照科学有效的救援程序，才能保证救援安全、可靠、高效进行。

一、携犬出动

接到上级出动命令后，立即组织搜救犬和训导员出动，准备好救援需要的装备物资，在确保安全的情况下登车出动。出动过程中注意及时给搜救犬喂水并清理犬的鼻腔，避免影响搜救效果。

二、侦察警戒

到达现场后，现场指挥员立即组织全体训导员仔细勘察现场环境，通过知情人及时了解现场人员被困情况，划定重点搜救区域，制订救援方案。设置现场警戒和安全员，确定撤离信号，疏散无关人员，营造现场良好救援环境。

三、分区搜救

现场侦察完毕后，指挥员根据搜救区域明确任务分工，落实人员分组，各区域根据分组情况有序开展人员搜索营救。

四、档案记录

在搜救过程中，现场安全员要做好现场救援记录，包括训导员和搜救犬进出记录、搜救时间、发现被困人员位置及时间等内容，任务结束后做好救援作业记录。训导员要同时做好搜救犬救援记录，并制作现场搜索图，登记造册，归档记录。

五、整理归队

任务结束后，清点人员及搜救犬数量，检查人员和搜救犬的身体状况及受伤情况，收整器材装备，编队行车归队。

六、注意事项

（1）现场搜索作业分工通常分为单犬模式和多犬模式。

A. 单犬模式。搜索过程中，训导员处于安全地带，用口令和手势指挥犬开展搜索，若单犬在搜救时发出报警，应指挥犬反复对该位置进行搜索确认，然后向上级指挥员报告搜救情况。

B. 多犬模式。分组方式为三犬一组和两犬一组。三犬为一组时，一头犬搜索，一头犬确认，一头犬待命；两犬为一组时，一头犬搜索，一头犬确认。

（2）利用现场救援环境，确保最佳搜救效果。搜救过程中，对于未完全坍塌的建筑物，要将室内的门和窗打开，利用空气对流原理，从下风口开始搜索，如果室内有搜索对象的气味存在，犬会迅速做出报警反应。室外要根据灾害现场的面积，分析判断确定搜索范围，如果搜索范围过大，要按自然地形分割成若干块进行分区搜索。还要测定风向、风力、温度、湿度等，从下风处开始搜索。有些被困人员由于掩埋位置较深，或时间较短，人体气味不易散发，应在可疑的泥土、焚烧物等处，用铁制探棒缓慢地戳入 20 ～ 40 cm，戳出一个个洞眼，然后令犬对这些洞眼逐个嗅闻。

第三章　搜救犬饲养管理

搜救犬的体格健康和工作效率离不开搜救犬管理人员的科学饲养，尤其是训练阶段的饲养管理。在搜救犬的饲养过程中若没有采取科学的饲养管理措施，盲目地饲喂自制饲料，对于搜救犬训练阶段的营养需要及饲喂方式等没有合理的规章秩序，可能会导致搜救犬突发关节疾病、营养代谢病等，降低搜救犬的工作效率和工作年限，影响搜救工作的顺利开展。作为工作犬，搜救犬需要均衡的饮食以保持健康，它们的食物中应含有充足的蛋白质、脂肪、维生素、矿物质等，并且各种养分应成一定的比例。它们的体型大小、活动量和身体状况不同，所需的能量也不同，为搜救犬制订合理科学的饲养管理方案尤为重要。本章将从营养和管理两个方面为搜救犬的饲养管理做出建议。

第一节　营　养　需　求

搜救犬的饲料营养要全面，必须提供充足的营养物质，要保证犬只的健康生长，但摄入含过多营养的饲料会导致消化系统不能完全吸收，并有可能引起胃肠道疾病，同时造成饲料浪费。商品化的功能性犬粮能满足搜救犬的全面营养需求，可使搜救犬维持理想体重，保持皮肤和被毛的健康，维护关节健康；添加易消化蛋白有利于保护肠道黏膜，最大限度地确保搜救犬的消化安全和耐受力。一般不建议给搜救犬饲喂自制犬粮，因为自制犬粮容易造成营养不良、营养不均等，最终引起营养代谢疾病。本节将从搜救犬的能量需求，水分摄入需求，维生素、微量元素和其他必需营养，以及其他营养补充剂需求等方面展开阐述。

一、搜救犬所需能量介绍

能量本身并不是一种营养物质，而是由多种营养物质——脂肪、碳水化合物和蛋白质赋予日粮的一种特性。动物都需要能量来满足维持、生长、繁殖、泌乳和机体运动的代谢需求。当能量缺乏时，动物的生产性能下降，而且将会消耗机体的能量和营养储备。总能转化为维持、生长、繁殖或运动的净能需要经过三个步骤：第一步，能量的消化。第二步，能量的代谢。代谢能（metabolizable energy，ME）是指消化能减去尿能和产生气体损失的能量。第三步，代谢能转化为净能。代谢能转化为净能的百分数被定义为能量利用效率。

理论上，将每天代谢能需求（单位：kcal/d）除以饲料的代谢能密度（单位：kcal/g）即可获得摄食量（单位：g/d）。计算只是对个体动物真实需求的不确定估计，并不是非常准确，只是一个参考值，最好不要依靠计算来决定给搜救犬喂食多少，而是调整喂食量，以确保犬只保持理想的身体状况。搜救犬的每天代谢能近似需求以代谢体重和静息能量消耗（resting energy expenditure，REE）表示，代谢体重是体重（单位：kg）的 0.754 次方。对于中型犬，静息能量消耗（单位：kcal）的计算为 70 × 代谢体重或使用近似值 30 + 70 × 体重，以这种方式计算的静息能量消耗小于表 3 - 1 中所示犬基础代谢率报告值的平均值。

表 3 - 1　犬的每天代谢能近似需求和进食量①

活动类型	每天代谢能近似需求		25 kg 犬所需能量	
	代谢能/代谢体重	静息能量消耗比率	代谢能/kcal	饲料/g②
基础代谢率	76（48～114）	1.1（0.7～1.6）	850（540～1280）	190（120～280）
静息饲料代谢率③	84（53～125）	1.2（0.8～1.8）	935（590～1410）	210（130～310）
赛犬	140（120～160）	2（1.7～2.3）	1560（1340～1790）	350（300～400）
猎犬	240（200～280）	3.4（3～4）	2680（2240～3130）	600（500～700）
雪橇犬（寒冷长距离运动时）	1050（860～1240）	15（12～18）	11700（9600～13900）	2600（2100～3100）

①　数值为平均值，括号内为范围。

②　假设饲喂含 4.5 kcal/g 的高脂肪干饲料。

③　静息进食代谢率是静息状态下的犬所需的能量，包括高于基础代谢率的额外 10% 的食物同化能量。

初始饲喂量可以根据不同运动量的犬的平均代谢能需要量来估计（表3-1），然后调整估计值以确保犬只保持该品种应有的身体状况评分（body condition scoring，BCS），大多数品种犬的 BCS 为 4～5 分（9 分制），灰猎犬和其他猎犬的 BCS 为 3.5 分（9 分制）。

对于像搜救犬那样运动量大的犬种，如赛犬、猎犬等来说，理想的脂肪和碳水化合物在饮食中所占的比例是有争议的，但是有证据表明，饮食中的碳水化合物起重要作用。当蛋白质取代碳水化合物时，喂食含43%代谢能的碳水化合物的灰猎犬比喂食含30%或54%代谢能的碳水化合物的灰猎犬在训练时表现更好；当蛋白质与碳水化合物进行等热量交换时，喂食代谢能含量为24%的蛋白质和37%的碳水化合物的灰猎犬比喂食含量为37%的蛋白质和24%的碳水化合物的灰猎犬跑得更快。这些结果表明，最适合搜救犬和短跑运动类型犬的饮食结构是 24% 的蛋白质（60 g/1000 kcal）和 30%～50% 的碳水化合物（75～125 g/1000 kcal）。大多数商业粮的营养成分为 24%～28% 的蛋白质（65 g/1000 kcal）、12%～14% 的脂肪（33 g/1000 kcal），以及 45%～50% 的碳水化合物（120 g/1000 kcal）。许多短跑犬、搜救犬、中级运动犬或者每次工作时间少于 30 min 的犬只，都建议喂高蛋白（30%以上干物质）、脂肪（20%以上干物质）和碳水化合物含量低于 40% 的商业犬粮。由于这类犬不会长时间过度劳累，商业犬粮中碳水化合物含量为 40%～50% 的代谢能，类似于之前概述的维持型商业犬粮，可能是一个更好的选择。对于耐力工作犬，如野外试验犬、猎犬、长距离雪橇犬和工作牧羊犬，建议使用蛋白含量超过 30%、脂肪含量超过 20%、碳水化合物含量限制在 30% 或更低的商业犬粮。

二、水分摄入需求

犬只在运动前、运动中和运动后需要无限制和频繁地饮水，充足的水分是必不可少的，但不需要额外补充钠或其他电解质或维生素。由于犬只主要在脚垫分泌汗液，电解质丢失少，不建议让运动犬饮用为人类设计的含有钠和电解质的运动饮料，这会降低犬的表现，此外，也没有证据表明其他所谓的运动营养素对犬有任何好处。运动后可以在水中加入一些葡萄糖来补充糖原储备，但加入量是不确定的。犬在运动期间体温升高过多就必须限制活动，因为体温过高会导致组织损伤，尤其是肠道和肾脏损伤，可能危及生命。通过使用冰袋和在寒冷的环境温度下锻炼犬来保持犬的凉爽可以让犬的锻炼时间更长。脱水会增加犬运动期间体温升高的速率，并减少犬运动的持续时间和强度。保持水分可以提高犬的耐力，降低体温过高带来的可能危及生命的风险。随着环境温度的升高，在运动过程中身体水分散发到环境中的量也增加。平均需水量从寒冷环境温度下的 0.5 mL/kcal 增加到室温下的 0.6～1.2 mL/kcal（同时取决于饮食中的钠和蛋白质含量），肥胖犬的平均需水量增加到 1.8 mL/kcal，一般应该提供犬平均需水量的 2 倍水量。犬会随着时间的推移间歇性地脱水，因为水会随着尿液和汗液的排出而不断流失，但犬会间歇性地喝水。久坐犬通常不需要定期饮水，仅在体重减轻约 0.5% 后饮水，但犬将在运动期间通过定期饮水维持其水合作用。因此，应在运动前、运动期间的间隔时间和运动后不久向犬提供水。犬在运动中会失去大量水分，但钠的流失很少，所以它们的血浆渗透压会变高。饮用不含任何溶质的水可立即纠正这种高渗透压，而饮用含盐或葡萄糖的水不能改善。因此，最好让犬在运动期间饮用不含溶质的水以纠正脱水，并在运动后提供含葡萄糖的水以补充糖原储备。注意，供人类运动员使用的商业运动饮料不应提供给运动犬。犬在运动中喘气和流口水时，盐分的损失很少，所以犬在运动中对盐的需求几乎没有增加。饮用水中摄入的任何盐都必须通过尿液排出，这将增加水分流失的速度，并可能加剧脱水。因此，建议搜救犬的钠和钾的适当摄入量为 1 g/L。

三、维生素、微量元素和其他必需营养素

犬对某些 B 族维生素（如硫胺素）的需求可能与能量需求成正比，而对维生素 B_6（吡哆醇）的需求往往随蛋白质摄入而变化。然而，大多数商品犬粮中含有过量的 B 族维生素，以补偿加工过程中的损失。此外，这些维生素的摄入量将随着食物摄入量或者能量需求的变化而成比例地增加或减少；因此，大多数商品犬粮不缺乏 B 族维生素。钙、磷和其他矿物质的需求并不直接与能量需求成比例增加，因此，久坐犬的饮食中矿物质的量应该足以满足运动犬的需要。相反地，由于需要非常高的能量，摄入大量食物的犬有可能过量摄入钙和微量元素。进行大量运动的犬的饮食中，微量元素的量应该保持接近最低要求，并且不应该随着饮食中脂肪量的增加而增加。

四、其他营养补充剂

由于用于搜索和救援的犬在 1 岁时就开始训练计划，它们的骨关节压力很大，因此搜救犬会因持续的微创伤而表现出骨关节损伤的早期临床症状。

预防关节应激的方法之一是在饮食中加入能够保护和改善关节功能的特定物质。一些研究报告了 n-3 多不饱和脂肪酸的有益作用，特别是来自鱼油的 n-3 多不饱和脂肪酸。口服葡萄糖胺和软骨素能明显减轻关节炎疼痛，这两种软骨保护剂都被广泛用于辅助治疗与骨关节炎相关的疼痛。据报道，葡萄糖胺有助于软骨的形成和修复，软骨素可以改善软骨的弹性，减少关节疼痛的肿胀。这些都可作为保健品添加到搜救犬的食物中。

在运动前或运动中给予葡萄糖可使运动中血糖浓度的下降最小化，并使运动中体温的升高最小化，而在运动后给予葡萄糖可补充肌糖原。在剧烈运动前或运动期间，不应给犬喂食含脂肪的食物，因为食物的消耗将会增加消化道的血供，并会影响自身机能，使得搜救犬的肠道功能受损。

五、当前中国地区犬粮主粮的配比及营养水平

我国市售干燥型犬粮中，以肉类为主要原料的犬粮占 56%，以谷物类为主要原料的犬粮占 44%。市售犬粮营养水平的变异系数（除干物质和粗灰分）均在 15% 以上，粗纤维和粗脂肪含量变异最大，但营养水平高于美国国家研究委员会（National Research Council，NRC）和美国饲料控制协会（Association of American Feed Control Officials，AAFCO）推荐量。不同犬型犬粮的营养水平差异不显著，幼犬期和通用期犬粮的粗蛋白含量显著高于成犬犬粮，幼犬犬粮的磷含量显著高于成犬犬粮。适用于犬不同生长阶段的犬粮中的粗蛋白和钙水平存在差异，适用于不同犬型的犬粮中的营养水平无明显差异。

六、总结

（1）规律的运动训练比饮食的任何改变都能提高运动犬的表现。

（2）好动的犬应该喂足够的食物以保持理想的身体状况。

（3）犬大多进行有氧运动。

（4）犬运动超过 30 min 需要在它们的饮食中额外补充蛋白质。

（5）进行长距离运动的犬需要在它们的饮食中额外补充脂肪。

（6）高脂肪、高蛋白含量的商业干犬粮能为大多数活跃犬提供足够的脂肪和蛋白质。

（7）工作犬或猎犬应该通过高蛋白、高脂肪、含少量碳水化合物的商业罐装食物来获取所需的额外能量。

（8）应该始终使活跃的犬可以自由饮水，以最大限度地提高身体机能。

（9）给好动的犬喝的水中可以含有一些葡萄糖，但不应含有其他营养物质，如盐。

（10）不应给犬饮用人用运动饮料。

第二节　不同运动类型搜救犬的饲养方法

近年来关于犬运动与日粮之间关系的研究性文章有很多。绝大多数研究的实验动物是经过训练的未去势或绝育的公犬和母犬，犬的种类包括体重为 10～35 kg 的雪橇犬、灰猎犬、比格犬、猎狐犬和混种犬。在试验中，犬的运动类型包括处于可控环境条件下的训练和处于自由状态下在外界环境中的训练。通过这些试验得到的犬营养需要和相关经验，适用于大部分经过训练的未去势或绝育的犬种。对于有大量运动需求的犬，应提高日粮中的能量来满足它们较大的能量需求；而对于无大量运动需求的犬，应限制其能量摄入，避免肥胖症的发生。

喂食方式也会影响犬的身体机能，喂食的频率和时间可以影响机体的代谢物（如粪便），进而影响运动。在单次运动中跑步少于 20 min 的短跑犬受益于运动前 24 h 适度的饲料限制（总热量摄入减少 20%～30%），以减少粪便积聚，提倡在运动前少量进食富含碳水化合物的食物，以提供葡萄糖作为能量。

一、进行不同类型运动的犬的饲养方法

喂食模式会影响犬的表现，喂食的频率和时间可以影响代谢的速率，从而影响粪便量，进而影响搜救工作。在搜救运动中跑步少于 20 min 的短跑犬，可以在搜救前 24 h 适当限制饲料（减少总热量摄入 20%～30%），以减少粪便积聚。有些训导员提倡犬在运动前少量吃富含碳水化合物的食物，为即将参与搜救工作的犬提供葡萄糖作为能量。短跑和中距离搜救犬，尤其是敏捷性和野地搜救犬，在 1 天内进行多次运动后，可以在运动后立即摄入低剂量碳水化合物，因为它们预计要在 2～3 h 内再次运动。若重复运动的间隔较短，则不建议在运动后进食，而是在 1 天结束运动后的 30 min 内进食，以避免呕吐或胃食管反流。建议在多天活动或训练后给犬补充糖原。

中距离搜救犬通常每天训练 1 次，持续 30～120 min，它们依靠糖原和脂肪提供能量。这些动物应饲喂蛋白质和碳水化合物含量适中（分别为 30% 和 20% 代谢能）和脂肪含量较高（50% 代谢能）的饲粮。在休息时，

脂肪提供主要的能量，在开始运动的 10 ～ 20 min 内，脂肪氧化增加，以节省糖原。这种饲喂方式使犬更容易获得脂肪。这些搜救犬也受益于运动后补充碳水化合物，它们的肌肉糖原浓度得以恢复。搜救工作结束约 2 h 后提供餐食可能有利于促进脂肪分解。参与搜救工作的前 1 天适度地限食（正常热量摄入的 20% ～ 30%）可以减少粪便积聚，有助于防止在运动中排便，促进脂肪分解。应注意避免在运动后立即喂食大量食物，因为容易出现胃扩张和胃扭转，特别是对大型深胸品种的犬。搜救犬也不应该在剧烈运动前 8 h 进食，以避免降低表现。

长时间运动的搜救犬（如猎狐犬和雪橇犬）在高强度的训练中，往往每天喂食 1 ～ 2 顿大餐，提供 300 ～ 500 kcal/kg 的饮食。这些餐应该包含大约 30% 代谢能蛋白质（75 g/1000 kcal）和 60% ～70% 的代谢能脂肪（大于 60 g/1000 kcal），并包含可以忽略的碳水化合物。搜救犬、猎狐犬的休息时间很长（超过 8 h），在其运动后摄入碳水化合物有助于机体体能的恢复。运动后给水的时间也很重要。例如，在犬运动后立即给水可以补充丢失的水分，而在犬运动 5 min 后再给水，只有犬脱水超过 0.5% 时才会喝水。搜救犬要避免高钠饮食，因为高钠饮食可能会增加它们对水的摄入量或导致严重脱水。

犬的大多数营养需要量是通过对未经训练的实验室犬（仅中度活跃）进行研究而确定的，饲养管理者应当根据搜救犬的训练强度来调整饲养管理方案，从而改善搜救犬的运动表现和健康状况。下文将对不同运动类型犬的能量消耗进行阐述。

（一）长距离次极量有氧运动

适应极高脂肪饮食后，长距离跑步的犬具有更强的耐力，因为当饲喂高脂肪含量的饲料时，它们消耗肌糖原的速度变慢。这与人类长跑运动员形成了鲜明对比，当人类运动员食用碳水化合物含量高的食物时，他们的耐力会增加。进行长距离运动的犬也会发生"运动性贫血"，并遭受更多损伤，除非饲喂含有足够平衡的氨基酸的高蛋白饲料。这种蛋白质必须是非常容易被消化的，以限制未消化的蛋白质进入大肠的量；进入大肠的过量蛋白质或可将碳水化合物发酵成短链脂肪酸，并可引起犬的渗透性腹泻。

长跑的犬不需要易消化的碳水化合物，只要有足够的膳食蛋白质来支持糖异生。由厌氧发酵产生的短链脂肪酸有益于结肠黏膜的健康，但是尚未确定除未消化的蛋白质和未消化的淀粉作为发酵的底物之外，膳食中是否需要可溶性纤维。摄入大量的纤维是不可取的，因为增加纤维会加重结肠的重量和粪便中的水分损失。因此，对于大多数活动量适中的犬来说，高蛋白、高脂肪的干燥型商品粮可提供足够的蛋白质和脂肪。建议工作人员选择高蛋白质和高脂肪含量的商品犬粮。随着运动频率和持续时间的增加，干饲料可能无法提供足够的蛋白质和脂肪，因此应添加高蛋白、高脂肪的罐装湿饲料，以提供犬只所需的额外能量及蛋白质。

（二）短距离超极限无氧运动

进行短跑运动的犬，如灰猎犬，并不需要那么多的蛋白质或脂肪。当增加膳食蛋白质以替代膳食碳水化合物时，犬的身体机能会下降。运动的持续时间短，糖原储备一般不减少，并且不需要蛋白质来支持糖异生。膳食脂肪含量较低和极高也与性能下降有关，但尚未确定膳食中脂肪和碳水化合物的理想含量。目前，推荐的饮食仅含有适量的蛋白质（60～70 g/1000 kcal）和脂肪（36～50 g/1000 kcal），但可能需要调整脂肪量以获得最佳利用率，如饲喂罐装湿饲料和干饲料。

二、不同运动类型犬的营养需求差异

不同运动类型的犬所需要的膳食纤维、蛋白质、脂肪、微量元素和碳水化合物等营养物质是有所差异的，犬所摄入的营养物质种类会影响其训练的程度和运动的速度。犬在快速短距离运动时，肌肉细胞主要进行无氧呼吸；进行较慢的长距离运动时，肌肉细胞主要进行有氧呼吸。偶尔进行锻炼的犬，如未经训练的宠物犬，它的营养需求也不同于那些每周进行多次剧烈运动的运动犬。要理解这些差异，就必须了解动物从哪里获得能量来支持活动。

能量来自肌肉内腺苷三磷酸（adenosine triphosphate，ATP）的高能磷酸键，由磷酸肌酸的高能磷酸键缓冲。来自这些高能磷酸键的能量是立即可用的，但储存量很小，ATP 的能量必须不断地从碳水化合物的无氧代谢或碳水化合物和脂肪的有氧代谢中补充。从葡萄糖（储存为糖原）和脂肪获得能量的速度与可用能量储存量成反比。葡萄糖的无氧代谢可以相对快速地产生能量，但是每个葡萄糖分子仅提供 2 个 ATP 分子，并且在该过程中产生乳酸。有氧条件可使葡萄糖中 ATP 的产量增加 19 倍，但提供能量的速度较慢，而且由于糖原的储存有限，糖原在长期运行结束时可能会耗尽。脂肪提供了几乎用之不竭的能量来源，但只能以缓慢的速度提供能量，这限制了跑步速度的可持续性。持续长时间跑得快的能力（耐力）受到糖原的可用性的限制。人和动物都很难在长跑结束时加速，因为肌肉糖原不足以支持更激烈的活动。犬与人类的不同之处在于，犬可利用脂肪的有氧代谢进行长距离跑步，并且与人类相比，犬在休息和运动期间可从脂肪氧化中获得 2 倍的能量。犬的肌肉不包含在猫等动物中发现的厌氧的、容易疲劳的ⅡB 型快速抽搐纤维，这种纤维适合短跑。犬的肌肉只含有具有高需氧能力的纤维，其是抗疲劳的。Ⅰ 型慢颤搐纤维更依赖于有氧代谢而不是无氧代谢，ⅡA 型快颤搐纤维更依赖于无氧代谢而不是有氧代谢。犬在肌肉中储存了更多的糖原和脂肪，也可向组织供应更多的脂肪酸，因为犬血白蛋白结合的游离脂肪酸多于其他物种。犬在休息时从脂肪和葡萄糖的氧化中获得的能量几乎相等，但当训练过的犬开始行走和奔跑时，葡萄糖氧化仅略微增加，并且增加的能量大部分来自脂肪氧化。然后，随着运动强度的增加，氧气的消耗变得有限，并产生乳酸，这增加了乳酸的浓度并限制了脂肪的利用。因此，进行低于最大氧利用率的运动训练犬更多地依赖于脂肪的氧化来获得能量，而进行高于其最大氧利用率的运动的犬则更多地依赖于葡萄糖的无氧和有氧代谢。运动犬的蛋白质、氨基酸合成和分解代谢增加，以支持与训练相关的机体机能变化，也支持进行长距离运动的犬的糖异生。犬最初在此长距离运动期间使用葡萄糖作为糖原来源，但在运动约 30 min 后增加了蛋白质的糖异生。因此，奔跑时间超过 30 min 的犬需要更多的蛋白质。

犬类耐力运动受益于为其高的有氧脂肪代谢率量身定制的营养策略。大多数运动的热量消耗最好是通过评估运动的距离而不是速度或强度来预测。短跑运动犬，如赛犬、敏捷犬，以及其他高强度、短时间运动类型的犬，每天的能量消耗有适度的增加（小于25%），并受益于适量的碳水化合物、蛋白质和脂肪的饮食，类似于大多数全价商品粮的营养配比。长时间的狩猎、野外试验或长距离活动都需要大量增加每天食物摄入量，而且经常需要补充脂肪来满足运动的能量需求。适合这类犬的饮食为蛋白质适量（大于 75 g/1000 kcal）和脂肪高（大于 60 g/1000 kcal）的。运动后补充碳水化合物可以增加犬的糖原储存，运动后还应立即向犬提供水，以防止脱水。上了年纪的运动犬需要增加饮食中的蛋白质来保持合适的体重，并在饮食中增加 n-3 多不饱和脂肪酸保护骨关节。训导员应该注意控制工作犬的体重，以免影响它们的工作效率。

第三节　犬舍建设标准

犬舍是搜救犬的基本生活设施，其对搜救犬的集约化管理具有重要意义。犬舍的建设和管理，不仅关系到犬的生活质量，还可在犬的繁殖培育、训练使用等方面产生明显的影响。犬舍应具备防雨、防潮、防风、防寒和防暑等功能，同时要有良好的通风、采光等条件，并有适宜的室外活动场。除此之外，搜救犬因其特殊的工作性质还需配备专业的训练场地，具体建议如下。

一、犬舍建设标准

搜救犬队建设用地面积不小于 3200 m²，建筑面积不宜小于 1800 m²，犬舍应按照"一犬一舍"的标准建设，工作犬舍与隔离犬舍按照 9∶1 的比例设置，总共不少于 20 间。搜救犬队的建设项目包括搜救犬用房、训练场地，以及搜救犬队人员用房、训练设施等（图 3-1）。搜救犬用房主要包括犬舍和犬病诊疗室、犬粮加工区、犬粮储藏区、犬浴室、训练器材库等。搜救犬训练场应建项目包括服从科目训练区、箱体搜救训练区、血迹搜索训练区、废墟搜救训练区、障碍训练区。其中，服从科目训练区、箱体搜救训练区、血迹搜索训练区可共用场地；选建项目包括水域救援训练区和室内训练馆。搜救犬队人员用房及训练设施等建设项目应按照城市消防站建设标准（GB 152—2017）的规定执行。

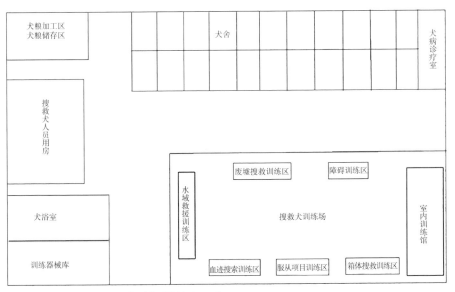

注：建设用地面积不小于 3200 m²，建筑面积不小于 1800 m²。

图 3-1　搜救犬队建设项目

二、选址和总平面布局

搜救犬队应选择采光良好、空气流通、场地干燥、排水通畅的地段，并有稳定、可靠的电力供给和洁净安全的水源。总平面布局搜救犬队应分别设置人员办公生活区、犬饲养区、犬训练区、犬隔离区等区域。犬舍宜南北朝向建设，整排宜东西走向排列。隔离区应建在搜救犬队的下风下水处，并配备无害化处理设施。宜远离居民区等人员密集场所，且与产生有害气体、烟雾、粉尘等物质的工业企业及其他污染源的距离应符合以下动物防疫条件要求：

（1）距离动物诊疗场所不少于200 m。

（2）距离城镇居民区、文化教育科研等人口集中区域，生活饮用水源地，动物屠宰加工场所，动物和动物产品集贸市场，以及公路、铁路等主要交通干线不少于500 m。

（3）距离种畜禽场不少于1000 m。

（4）距离动物隔离场所、无害化处理场所不少于3000 m。

三、犬舍建设要求

犬舍可分为工作犬舍和隔离犬舍两类。犬舍一端应设搜救犬训导员更衣、淋浴室。舍内一侧为公用走廊，另一侧为喂养区、休息区和室外活动区，满足犬只喂养、休息和活动需要。单个犬舍面积不宜小于14 m²。其中，喂养区不宜小于3.5 m²，休息区不宜小于4.5 m²，室外活动区不宜小于6 m²。犬舍高度不应低于2.6 m，"人"字形舍顶檐高不应低于1.8 m，跨度以4.5～5 m为宜，并应设置犬只介绍铭牌。犬舍室内部分的地面及墙壁（不宜低于1.8 m）应铺（贴）防滑、耐磨的瓷砖，便于清理打扫。犬舍内部公用走廊可采用全封闭式或半封闭式，宽度不宜小于1.4 m。全封闭式走廊宜设置通风设施，走廊外墙对应的每间犬舍设置通风采光窗；半封闭式走廊对应的犬舍隔墙设置支撑立柱。工作犬舍公用走廊与喂养区之间设置金属栅栏墙，并设置面积不宜小于180 cm×120 cm的金属材质结构门，方便人和犬出入，隔离犬舍公用走廊与喂养区之间应采用实体墙及封闭结构门隔离。

犬舍喂养区应设置饮水、饮食设施。犬舍休息区应设有犬床，面积不宜小于120 cm×80 cm，高度不宜小于30 cm，并设置紫外线杀菌装置及下

（排）水管道，管道管径不应小于 16 cm，地面向排水孔方向倾斜角度不宜小于 5°，通向室外活动区应设门和窗。相邻工作犬舍室外活动区应设置高度不低于 2 m 的混合结构墙，其下部的砖砌防护墙不低于 60 cm，墙上设置固定钢筋网；活动区南侧设置钢筋栅栏墙，并设置面积不小于 180 cm × 120 cm 的栅栏门。相邻隔离犬舍活动区应设置实体墙隔离。室外活动区外墙基脚下应开设半径不小于 5 cm 的排水孔洞，并用铁丝网封闭孔洞，地面向排水孔方向倾斜角度不宜小于 5°。在墙外侧设置 1 条宽度不小于 40 cm、深度不小于 15 cm 的封闭式排污沟，沟顶搭盖可开启的水泥板，沟底应有一定坡度，便于污水排放至沉淀池。

四、犬病诊疗室

犬病诊疗室应配备检查器械、急救包、消毒器、保定设备、注射输液设备、医用冰箱及药品柜等设施、设备。犬病诊疗室应布局紧凑，分区合理，洁污线路清楚，避免或减少交叉感染。犬病诊疗室建筑面积不宜小于 25 m²，地面、墙裙、墙面、顶棚应便于清扫、冲洗，其阴阳角宜做成圆角，并设置栓犬桩、空调、冰箱、洗手盆等设施。犬病诊疗室出入口不应少于 2 处，人员出入口不应兼作犬尸体和废弃物出口。应妥善处理废弃物，并符合国家现行有关环境保护法律法规的要求。

五、犬粮加工间和储藏室

犬粮加工间应配备操作台、灶台、抽油烟机、绞肉机、消毒柜、冰柜、电子秤、犬用厨具等设备，可根据搜救犬生长发育及执勤训练活动所需营养进行犬粮再加工，增加所需要的营养物质。犬粮加工间建筑面积不宜小于 20 m²，并设置冷热供水管道。犬粮储藏室应配备冰柜、犬粮防潮板（台）等设备，满足犬粮储藏需要。犬粮储藏室需设置防潮、防鼠害等设施。

六、犬浴室及训练场所

犬浴室建筑面积不宜小于 20 m²，应设置喷头、浴缸、暖气吹风机等设施，满足搜救犬洗浴需要。训练器材库面积不宜小于 20 m²，应设置器材摆放架、器材柜等设施，满足训练器材存放需要。服从科目训练区面积不宜小于 800 m²，地面应宽阔平整，具有良好的排水性，满足服从科目训练需要。

箱体搜救训练区面积不宜小于 800 m²，应设置搜救箱，满足箱体搜救训练需要。

血迹搜索训练区面积不宜小于 100 m²，并设警戒带隔离，满足血迹搜索训练需要。废墟搜救训练区应设置地上建筑废墟和地下掩体两部分，主要训练搜救犬对被困人员的快速搜索、定位能力，可供多人多犬同时开展人员搜救训练。废墟搜救训练区面积不宜小于 800 m²。地上建筑废墟应设置梁、架、柱、楼板、砖石等建筑废墟构件，填充废旧家具、家电、管道、灯具等室内常见物品，并设有地下掩体出入口及地下气味散发口。地下掩体宜采用砖混结构，上方采用钢筋混凝土楼板覆盖，设置深坑加固，防蛇、鼠、虫等入侵及排水措施，确保掩体内助训员的人身安全。地下掩体内应设置照明、通信、监控、观测和报警等装置，确保训练安全。障碍训练区宜设置独木桥、鱼鳞板、四级跳、跺桥、断桥、匍匐笼、高板墙、木圈、跳栏、轮圈、火圈、跳高架等障碍设施，满足搜救犬体能素质综合训练需要。障碍训练区面积不宜小于 1000 m²，宜采用三合土压实地面，并适度倾斜以利排水。各类障碍均非固定式安装，可根据训练需要灵活调整。水域救援训练区用于开展搜救犬水上救援能力训练，可设置安全区、浅水区、深水区。水域救援训练区面积不宜小于 200 m²，平面形状宜设为矩形，设置上岸、下池的踏步，配备救生衣、救生圈等安全设施和消毒设备，定期换水，确保安全、卫生。安全区深度不宜大于 30 cm，浅水区深度不宜大于 50 cm，深水区深度不宜大于 140 cm，各区面积宜按照占水域救援训练区总面积的 20%、30%、50% 比例设置，分界处应设明显标志。池壁、池底及水下台阶宜采用陶瓷马赛克或瓷砖贴壁，便于清洁。泄水口应设在池底的最低处，并应设耐腐蚀、坚固的栅盖板，盖板表面应与池底最低处表面相平。室内训练馆内可建设服从科目训练区、箱体搜救训练区、血迹搜索训练区。服从科目训练区、箱体搜救训练区、血迹搜索训练区设置在室内训练馆内的，可不单独在室外建设。室内训练馆建筑面积不宜小于 800 m²，高度不应低于 6 m，可根据需要建设 2～4 个临时训练犬舍。室内训练馆应设有照明、通信、监控、通风等装置，并采取消音减噪装修处理。

第四节　日　常　管　理

在饲养及训练搜救犬时，常规管理是很重要的，如管理不当，不但会使犬易患病，给营地增加忧虑，而且人畜共患病也可能危害工作人员的健康。因此，养犬不仅要有科学的饲养方法，还要有科学的管理知识。犬的常规管理应包括以下三方面。

一、管理员职责

（1）搜救犬日常管理员要做好每天定时定量喂食的日常饲养工作。

（2）搜救犬日常管理员每星期给搜救犬洗澡 2 次，平时做好场地卫生清洁等工作。

（3）搜救犬日常管理员要加强对搜救犬的日常训练，使搜救犬能更好地进行执勤工作。

（4）值班人员须做好各值勤点的搜救犬的到位和归位工作。

（5）搜救犬从饲养点到值勤点时，须由值班人员牵着搜救犬以防止犬伤人。

二、日常饲养

搜救犬饲养管理的相关人员，应做好犬的喂养及打扫犬舍卫生等工作，保障犬舍内卫生清洁。落实专人看管制度，定期做好犬只的清洁卫生防疫工作，保障人犬安全。做好犬只的每天饮食、排便等的记录，掌握犬的日常生活情况。一旦发现搜救犬有生病、受伤等情况，确保患犬在第一时间得到有效的治疗，保障搜救犬的健康。

三、搜救犬日常管理制度

（1）搜救犬的饲养要做到定时、定量、定温。搜救犬每天的饲养次数应视犬的年龄、饲料种类、训练或作业强度及犬的生理状况进行合理安排。

（2）保持犬体、犬舍和环境清洁卫生。犬体要经常梳刷，适时清洗。犬舍和周围环境要每天清扫，随时清扫粪便污物，保证犬舍每周进行 2 次消毒。

（3）保证搜救犬的健康。搜救犬要每天散放、运动。运动强度根据犬的生理状况、环境温度和地形条件合理安排。喂食前、后半小时内禁止剧烈运动。散放运动过程中要防止犬互相咬伤、走失。犬用餐具、训练诱导球等物品必须专犬专用，保证充足清洁饮水。训导员每天要认真观察犬的精神状况、食欲的增减及排泄物形状，并观察犬的健康状况。加强犬生病、发情期的管理，严防意外配种、乱配等事故发生。值班人员在 6—22 时，至少每

2 h巡视 1 次犬舍，22 时以后视情巡查，认真观察犬的精神、饮食、运动及排泄物等状况，并做好记录。做好搜救犬的防疫工作，每年春、秋季及时注射犬疫苗，严防犬疫传染病发生。

（4）犬舍区应相对封闭，未经允许无关人员不准入内。

（5）禁止混养其他动物，严禁任何人将其他犬带到搜救犬所属院内和犬舍区。

第四章　搜救犬训练技术

第一节　训前准备

对犬的训练是一个使犬从适应到习惯的过程。一般受训犬都较难立即投入训练，需要在训练前做一些准备工作以免犬对训练产生抵制情绪，如建立亲和关系、适应呼名和佩戴牵引用具等。

一、亲和关系建立

亲和关系是指训导员通过日常饲养管理与犬建立亲善友好的关系，主要表现为犬对训导员的依恋性（图4-1）。这种依恋性的产生，一方面与犬先天易于驯服的特性有关。训导员通过日常的饲养管理，使犬了解自己的生活习性并消除犬对自己的防御反应和探求反应，进而逐渐使犬熟悉自己的气味、声音、行为特点。另一方面是训导员进行训练的结果，主要体现在建立方法、注意事项两个方面。

图4-1　建立亲密关系

（一）建立方法

建立亲和关系可以通过喂食、散放、梳理犬毛、呼名、奖励、抚拍、嬉戏玩耍、躲藏等训练手段来进行，从而使犬对训导员产生初步的依恋性。

（1）喂食。训导员必须坚持自己给犬喂食，以满足犬的第一需要，使犬的依恋性不会受他人喂食的诱惑而减弱。

（2）散放。训导员应当坚持每天对犬保证定量的散放次数，使犬对训导员产生自由反射，从而对训导员产生更强的依恋性。

（3）梳理犬毛。应从前向后，从上至下顺着生长方向梳理犬毛，以防对犬造成伤害。

（4）呼名。时常呼唤犬名，培养犬对训导员的认同感和归属感。

（5）奖励。一般将"好"的口令刺激和食物刺激两种方法结合使用。奖励的刺激不可随意使用，只有在犬按训导员的意图完成或正在完成某种动作时使用，以防止奖励的刺激方法失去应有效果。

（6）抚拍。抚摸和轻微拍打犬的头部、肩部和胸部等犬敏感和感觉舒适的部位，使犬感受到训导员的友好和亲近。可以在抚拍中结合"好"的口令进行奖励刺激。

（7）嬉戏玩耍。训导员应在适当的时机通过奖励的方式与犬嬉戏玩耍。

（8）躲藏。通过躲藏检验犬与训导员的亲和关系，增强犬对训导员的依恋性。

（二）注意事项

（1）在建立依恋性初期，不要以粗暴的方式对待犬，如打骂刺激犬。

（2）亲和阶段喂食时，注意不要将食物给犬后就立即离开，应在犬吃完一部分时再拿走食物，同时观察犬的反应，当犬表现出渴求的状态后，再将食物给予犬，如此反复可加速依恋性的形成。

（3）培养依恋性的过程中，一般不让他人接触犬，更不能让他人代管、代喂犬。

二、呼唤与约束

呼唤犬名是建立亲和关系的基础，对犬约束是限制犬的自由行为、培养特定条件反射、强化训练效果的一种手段。

（一）呼唤犬名

1．训练方式

当训导员每次呼名引起犬的注目反应或侧耳反应时，训导员应给予犬相应的奖励刺激，进而使犬形成条件反射，那么训导员对犬的呼名就具有一种指令性的信号作用，犬也由此习惯呼名。

2．注意事项

（1）犬名应当选择除人名、民族、城市、国家等名称以外的简短易叫的名字。

（2）初期呼唤犬名时，声音不要过高，以免使犬产生被动反应。

（3）呼名时要避免次数频繁，以免使犬产生超限抑制。

（4）呼名要清晰、明确，并在犬关注训导员时使用。

（5）呼名必须和奖励相结合，先呼名后奖励。

（二）约束

常用的约束器材主要有脖圈、牵引皮带（绳）和口笼等，通过不断适应，使犬习惯牵引和佩戴脖圈。

1．训练方式

（1）佩戴脖圈或牵引带。在建立良好的亲和关系后，训导员在分散犬注意力的同时，可尝试给犬戴上脖圈。如果犬没有出现明显的急躁、不安，可多次重复取下和佩戴的动作，直至犬完全适应。如果佩戴后犬反应敏感，训导员应及时分散犬对脖圈的注意力，并给予奖励刺激，如此反复多次，使犬逐渐适应。

（2）佩戴口笼。一般犬在佩戴后会出现强烈的急躁、不安、生气等状态，急速摆头或试图用前爪扒下口笼，训导员应及时用食物引导或强行牵犬跑动来分散犬对口笼的注意力。初期佩戴 2～3 min 即可，摘下后立即以奖励刺激加以强化巩固，在犬适应后逐渐增加佩戴时长。

2．注意事项

（1）脖圈要根据犬的体型大小进行选择，以较为柔软的材料为宜，末端不要太长，避免犬撕咬。

（2）口笼应与犬头大小匹配适当。当强制佩戴时，动作要迅速快捷，避免被犬咬伤。

（3）夏季佩戴约束器材的时间不宜过长，最好不要超过 15 min。

第二节 体 能 训 练

提高犬的运动能力素质是保证犬顺利完成搜救任务的基础。犬的体能训练主要包括奔跑速度训练、跳跃训练、登降训练、窜越训练、平衡训练、匍匐训练、游泳训练和力量训练等，可通过采用专用器材、自然障碍物和实战科目等进行结合训练。

一、奔跑速度训练

奔跑速度训练是犬完成各项动作的基础，其主要通过改变犬的步频和步幅来达到犬在单位时间内增加奔跑距离的目的。

（一）器材准备

跑步机、自行车、机动车、训练场等。

（二）训练要求

奔跑速度快且自然。

（三）训练方法

1. 短距离加速跑训练

训导员利用犬喜欢的衔取物吸引犬的注意力并突然抛出，使犬全力冲刺衔回，进而增强犬在无氧状态下的爆发力，提升奔跑速度。

2. 变速跑训练

训导员骑自行车或驾驶机动车带犬运动，过程中变换快慢节奏，让犬追着跑，使犬保持运动状态并锻炼奔跑速度。

3. 利用斜坡加速跑训练

选择斜坡从上往下带犬跑步，让犬在自身重力牵引下提高速度。

（四）注意事项

（1）训练强度要根据情况进行改变，以免导致速度障碍。

（2）每次训练时长不宜过长，次数不宜过多。

（3）每次训练要补充能量高的食物来维持体力。

（4）训练前进行充分热身运动，训练时要使犬处于兴奋状态。

二、跳跃训练

跳跃训练包括横向跳跃训练和纵向跳跃训练，主要提高犬的弹跳力量和跳跃技巧。

（一）器材准备

跳高架、板墙、栅栏、支架、壕沟等。

（二）训练要求

犬能够根据训导员口令、动作，准确迅速地跃过障碍。

（三）训练方法

先利用高度较小的支架开展训练。训导员牵犬跑向支架并发出"跳"的口令，带犬跳过，过程中可以用牵引带辅助提拉，当犬跳过后及时给予奖励。如果犬不敢跳过，训导员应先行跳过，再提拉牵引带令犬跳过。也可将犬喜欢的衔取物当作诱饵抛过支架，使犬自己跳过。待犬习惯这个口令动作后，可逐渐增加支架高度，多次反复训练，使犬形成跳跃能力。

（四）注意事项

（1）使用的支架高度可以调整，同时应避免犬从支架两边或者底部穿过。

（2）支架可以用软性材料进行包裹，防止犬在完成跳跃过程中受到伤害。

（3）跳跃训练前，应带犬进行热身运动。

三、登降及窜越训练

通过登降及窜越训练提高犬的爆发力，强化犬的综合素质。

（一）器材准备

阶梯、三级跳台等。

（二）训练动作

（1）训练口令为"上""下""跳"。

（2）训练手势为训导员右手自下而上，挥向跳跃目标。

（三）训练要求

犬能够根据训导员口令动作，迅速地通过障碍。

（四）训练方法

1. 登降的训练方法

初期带犬至平台前，发出"上"的口令和手势，并同犬一起登上平台。过程中需要连续发出"上"和"好"的口令，以提高犬的兴奋度，犬登上平台后立即给予奖励。稍停片刻，带犬慢慢走下来，并加以奖励。如果犬不敢上平台，可以诱导或者牵引提拉，使犬上台并给予奖励。在犬基本适应后，可逐渐调整平台高度，并使犬根据口令单独上下平台。

2. 窜越的训练方法

训导员先令犬坐于平台鱼鳞板前 3～5 步处，然后持绳一端先登上平台，唤犬前来的同时发出"上"的口令，并收紧训练绳向上提拉来迫使犬窜越，或将食物、物品抛上平台诱导犬窜越，犬登上和走下平台都应及时奖励。

（五）注意事项

（1）训练中要注意保持动作的连贯性。

（2）注意高处训练安全，防止事故发生。

四、平衡及匍匐训练

通过训练增强犬的协调能力和复杂环境中的灵活能力、穿越能力。

（一）器材准备

独木桥、晃桥、钢丝、跷跷板、匍匐网、管道等。

（二）训练动作

（1）训练口令为"上""慢""匍"。

（2）训练手势为训导员右手向前挥伸，指向跳跃目标。

（三）训练要求

犬能够根据训导员的口令或动作，迅速地通过障碍。

（四）训练方法

1．平衡能力训练

训导员将犬带至器材前并用食物或物品使犬兴奋，然后左手握牵引带距脖圈 30 cm 处，右手持食物或物品向训练器材上方引导，并发出"上"的口令。在犬通过时，训导员须连续发出"慢""好"的口令，通过后，及时用食物或物品奖励。随着训练进展，可以逐渐调整训练器材的高度。

2．匍匐能力训练

设置匍匐网并将犬带至前方，令犬卧下后，下达"匍"的口令，并和犬一同匍匐通过，通过后及时给予奖励。也可将食物或物品放在匍匐网的另一端对犬加以诱导，在令犬通过并获得食物或物品后进行奖励。随着训练的进度，逐渐增加匍匐网的长度，并取消诱导作用，只用口令指挥。

（五）注意事项

（1）训练中强迫要适度，奖励要充分。
（2）障碍物的高度和坡度，应根据犬的特点进行适当调整。
（3）在同一时间内，训练次数不宜过多，以顺利通过障碍为标准。
（4）训练中应注意安全，加强保护措施，经常检查训练器材是否完好，防止事故发生。

五、游泳训练

游泳训练可锻炼犬游过一般河流和捞取小型漂流物的能力，进而提升犬的胆量，使犬适应各种环境条件下的搜救需要。

（一）初期培养

训导员将犬带至水边，利用犬感兴趣的浮物进行引导，在犬注意力集中时将其扔至水中（离岸 1～2 m），然后发出"游"的口令和手势，并引导犬下水。当犬下水后应以"好"的口令奖励。犬衔到物品上岸后，应给予充分奖励。如果犬不敢下水，训导员可以抚拍犬并在浅水中给犬洗澡，让其适应，同时多以"好"的口令奖励，犬适应后即可开始训练。后期可逐渐增加抛出物品的距离，直到犬完全对口令手势形成条件反射。

（二）能力提高

犬适应水中游泳后，可带其至河流中开展训练。

1. 深水游泳训练

当犬能在浅水中自由游动时，可进一步将犬引导到较深处游泳。有的犬初到深水处，可能会出现前肢乱打水面的慌张状态，训导员可用手轻轻托住犬的腹部，右手挡在犬的颈下加以帮助。

2. 前进能力训练

可以将漂浮物抛出一段距离使犬进行较长距离游泳，随后逐渐使用可下沉的物品诱导犬游泳前进，使犬能够单独前进并通过水流。当犬能听令游100 m以上时，可进行衔取漂流物的训练。

（三）注意事项

（1）游泳训练一般在夏季炎热天气进行，初训时应选择平静水域。

（2）严禁采用将犬抛扔于水中游泳的方法开展训练。

（3）不宜带犬到急流或水草多的水域游泳，也不要到污水中训练。

（4）每次游泳后，应让犬奔跑活动一会儿，然后用清水冲洗被毛，再用干毛巾擦干犬身。

六、力量训练

犬的力量素质是其综合素质的重要组成部分之一，强壮有力的犬能在实际救援中发挥重要作用。

（一）器材准备

训练场，橡皮条、沙袋等。

（二）训练目的

通过训练提升犬的肌肉收缩能力，为犬的搜救工作夯实基础。

（三）训练要求

训练要循序渐进，确保犬在兴奋状态时完成动作。

（四）训练方法

1. 负重练习

训导员准备适合犬体型的沙袋并系于犬背部，带犬进行负重训练，增强犬的身体力量。

2. 克服弹性物体练习

训导员准备有弹性的橡皮条系于犬背带上，另一端系于某固定物上。采用诱导方法使犬离开原位并拉紧橡皮条，克服橡皮条的弹性，进而锻炼犬的肌肉。

（五）注意事项

（1）合理制订训练计划，确保力量训练效果。

（2）力量训练后，要注意适时地使犬的肌肉得到放松。

（3）在训练过程中，应使犬保持兴奋。

第三节　服从科目训练

服从科目训练是犬所有训练科目训练的基础，通过服从科目训练，可以增进训导员对犬的了解，使人和犬之间更加熟悉、默契，从而更好地开展救援工作。

一、"坐"训练

犬"坐"为服从科目中最为基础的科目，使犬听到训导员的口令并迅速做出动作。

（一）训练目的

使犬听到口令保持坐的动作。

（二）训练要求

犬的坐姿应标准，即两前肢平行垂直于地面，两后肢屈曲于臀前，臀部着地，尾巴平伸向后，面向前方（图4-2）。

图4-2 坐

（三）训练动作

（1）训练口令为"坐"。

（2）训练手势具体为：要求犬正面坐时，右大臂向右平伸，右小臂向上伸直掌心向前，呈"L"形；左侧坐时，左手轻拍左侧腹部。

（3）主要的非条件刺激为按压犬的腰角与提拉脖圈，或以物品或食物诱导。

（四）训练方法

进行"坐"科目训练，初期一般采用食物诱导，食物诱导的优点在于可以多次重复地训练，后期用玩具强化。第一种方法，可利用基础箱定位。第二种方法，利用犬的脖圈，当训导员发出"坐"的口令时，一只手向上提拉脖圈，另一只手按压犬的后腰角，如犬坐下，立即停止提拉脖圈和按压，并以欢快的心情鼓励，同时给予奖励，如此重复多次。在此基础上，再结合手势训练，即下达口令的同时，伴以左侧坐的手势，指挥犬坐下。

（五）注意事项

按压犬的腰角部位要准确，同时左右手配合要默契，这样才能达到良好的效果。

二、"卧"训练

犬"卧"训练是使犬听到训导员的口令并迅速做出卧下动作。

（一）训练目的

提升犬卧下的服从性，并保持卧延缓的能力。

（二）训练要求

犬正确卧下的姿势是前肢肘部以下着地平伸向前，与体同宽，后肢收紧贴于腹部两侧着地，头部自然抬起，尾部自然平伸于后（图4-3）。

图4-3 卧

（三）训练动作

（1）训练口令为"卧"或"卧下"。

（2）训练手势具体为：右手上举，然后向前伸平，掌心向下；左侧卧指挥通常指右手从犬面前向下方挥伸，掌心向下。

（3）主要的非条件刺激为食物或物品引诱、按压犬的肩胛部位、向前下方牵拉犬的两前肢，或向下扯拉牵引带等。

（四）训练方法

"卧"的科目训练跟"坐"的科目训练有相似之处。第一种方法也是采用基础箱坐标定位法。第二种方法同样利用犬的脖圈，当训导员发出"卧"的口令时，一只手向下拉脖圈，另一只手按压犬的前胛骨的位置，如果犬卧下，立即停止提拉脖圈和按压，并以欢快的心情鼓励，同时给予奖励，如此重复；同一时间可训练2～3次，直至犬可以完全根据口令和手势卧下。

（五）注意事项

（1）犬卧下后姿势不正确时应及时纠正。
（2）当犬卧下动作缓慢时，应及时采取强迫手段予以纠正。

三、"立"训练

犬"立"训练是指犬在"坐"或"卧"的基础上，听到训导员"立"的口令并迅速做出站立动作。

（一）训练目的

犬根据口令和手势，使犬能够保持站立的能力。

（二）训练要求

犬应立于训导员左侧，保持站立的姿势。当犬处于卧或坐的状态时，训导员以"立"的口令和手势指挥犬迅速做出站立姿势（图4-4）。

图4-4 立

（三）训练动作

（1）训练口令为"立"。

（2）训练手势为右臂自下而上地向前挥动平伸，掌心向上，然后自然落下。

（3）主要的非条件刺激为左手托犬腹部或左脚勾犬腹部，或用牵引带从腹部提拉。

（四）训练方法

先建立犬对"立"口令的条件反射。训导员将犬带到较清静而平坦的地点令犬坐下，右手握住脖圈，左手伸向犬的后腹部，或用牵引带套于犬的腹部，发出"立"的口令，左手向上托或提拉牵引带使犬站立起来，犬立起后及时给予奖励。如此反复，直到犬一听到"立"的口令就自动站立为止。或者训导员先令犬坐或卧于左侧，然后转身面向犬，右手控制牵引带，左脚勾犬的腹部，犬立起即给予抚拍和食物奖励。如果犬站立不自然，应以左手摆移纠正，也可采用基础箱坐标定位法开展训练。

（五）注意事项

（1）如果犬站立后移位，应及时纠正。

（2）可采取脚踩犬后爪等轻微刺激方法使犬站立。

四、"吠叫"训练

"吠叫"训练是犬根据训导员口令或者手势进行吠叫的能力。"吠叫"一般作为箱体、废墟、野外搜索的示警方式。

（一）训练目的

使犬听到训导员的口令后持续发出响亮的叫声（图4-5）。

图4-5 吠叫

（二）训练要求

犬根据训导员的指挥口令进行吠叫，且应尽量三秒内发出"吠叫"声音。

（三）训练动作

（1）训练口令为"叫"。
（2）训练手势为吠叫的手势，常用右手食指在胸前面向犬上下点动。
（3）主要的非条件刺激为食物、衔取物引诱，或由助训员逗引。

（四）训练方法

吠叫训练方法一般分为三种。

第一种方法：通过亲和关系的建立，利用食物诱导的方法进行"吠叫"科目的训练，一般在犬饥饿的状态下进行。在犬饥饿的状态下，把犬关进笼子里面，犬由于看见主人，会表现得非常兴奋，这时我们在笼子外面挑逗它，初期只要犬有叫的表示，即可给予奖励，然后逐渐加长吠叫时间，待犬吠叫声音洪亮，给予奖励。如此反复训练形成条件反射。

第二种方法：利用犬的防御反射进行训练，当犬在犬舍或者犬笼时，有陌生人靠近，训导员可及时发出"叫"的口令、手势，指挥犬吠叫并加以奖励；也可让助训员在犬舍或犬笼外挑衅，引起犬的注意，训导员对犬发出"叫"的口令，以激发犬的兴奋性；当犬吠叫或有叫的表现时，应立即用"好"的口令和抚拍加以奖励。

第三种方法：利用犬对主人的依恋性进行训练，把犬带到一个安静的地方，牵引绳绑在柱子上或者树上，然后用食物或者物品挑逗犬并迅速跑远，当犬表现急躁时，训导员立即发出"叫"的口令和手势，犬吠叫后应回到犬身边给予食物奖励或物品奖励，重复多次。

（五）注意事项

（1）要避免犬叫而无声，否则达不到标准。
（2）音响刺激要有节奏地进行。
（3）要根据犬的不同特点有针对性地训练。

五、"随行"训练

随行科目训练是指犬靠在训导员左侧，保持适当体位跟随训导员行进的能力。

（一）训练目的

使犬在训导员指挥下，具备一直贴靠训导员左侧并排前进的能力。

（二）训练要求

要求犬靠近训导员左腿行进，前进时不露犬臀部，落后时不露犬肩胛，与训导员间距不超过 30 cm（图 4 - 6）。

（三）训练动作

（1）训练口令为"靠"。

（2）训练手势为左手自然下垂轻拍左腿外侧。

（3）主要的非条件刺激为牵引带控制。

（四）训练方法

随行科目训练主要包括 4 个阶段。

1. 第一阶段

使犬对随行口令"靠"形成条件反射。首先选择一个相对安静的环境，利用手中的食物，使

图 4 - 6　随行

犬对训导员的手产生兴趣，通过手势引导犬在自己的左侧坐下靠好，给予奖励。如此反复，等犬非常熟练这一套操作时，加入口令"靠"。此时需要注意，口令要在手势引导的前面，即下达口令"靠"，等 1 s，然后开始手势引导。此训练方法的难点在于犬对训导员手中的食物是否执着，缺点在于犬不够饥饿的时候难以达到训练效果。

2. 第二阶段

当犬对口令"靠"形成条件反射后，利用犬追手的兴趣，将手放在腿部上方，以犬抬头嘴刚好顶到手为佳，然后开始迈步前进，初期时走个一两步就可以给犬奖励，即把手中的食物奖励给犬，再逐渐增加前进距离，此时在训练中多以奖励和鼓励为主。当犬可以随行时把手抬高，使犬盯着训导员的手随行，这个时候第二阶段随行训练完成。

3. 第三阶段

第三阶段的目标为下达口令后，不用训导员的引导，犬靠在训导员左侧跟随训导员行进，此阶段为巩固阶段。训练中，在犬追手随行时突然把手拿掉，如果犬还在跟着训导员走，则在行走两三步后给予奖励。随后逐步拉长去掉手势引导犬能继续保持随行状态的时间，第三阶段完成。

4. 第四阶段

第四阶段为巩固提升阶段。在前三个阶段的基础上下达口令后，犬如果出现拖延、超前、落后、偏离等情况，要及时用牵引带制止；如制止后，犬恢复随行状态时要及时给予奖励。如出现错误，重复第一阶段到第三阶段即可。

（五）注意事项

（1）初期训练注意与犬保持间距。

（2）牵引带要松紧适度，不能缠绊犬，不可始终紧扯犬。

（3）随行训练必须与日常饲养管理和环境锻炼相结合，随行能力形成后，应结合其他基础科目训练进行巩固提高。

六、"前来"训练

"前来"是犬听到训导员"来"的口令时，根据训导员指挥跑到训导员正面坐下，要求犬的前脚必须踏线或越过在训导员前 0.5 m 处设置的前来线，并面向训导员正面坐下。

（一）训练目的

培养犬根据训导员下达的口令和手势迅速前来的能力。

（二）训练要求

犬听到训导员呼名或前来的口令后，应立即回到训导员前面坐下，当训导员发出"靠"的口令时，犬应从训导员右侧绕过身后于左侧坐下，或者直接靠于训导员左侧（图4-7）。

（三）训练动作

（1）训练口令为"来""靠"。

（2）训练手势为左手向左平伸，掌心向下，随即自然放下；"靠"是左手轻拍左腿外侧。

（3）主要的非条件刺激为利用长训练绳控制。

（四）训练方法

"前来"科目训练主要包括3个阶段。

1. 第一阶段

在训导员和犬的亲和关系具备一定基础时，给犬戴上长牵引

图4-7　前来

绳，让犬处于放松、游散状态，然后呼唤犬名并叫"来"。这时训导员要注意两点：一是呼唤犬名时要轻松愉悦，发出"来"的口令时要稍微严厉；二是犬在初期来到训导员身旁时，要及时给予奖励。如此重复，使犬对"来"的口令形成条件反射，以犬听到训导员呼唤前来时能及时到训导员身旁为佳。

2. 第二阶段

前来定位训练，当犬听到"来"的口令时，需要犬在训导员的正前方坐好，且犬与训导员的身体不超过0.5 m，这时就需要给犬定位。第一种方法利用基础箱定位；第二种方法利用食物诱导，即训导员在发出"来"的口令的同时，手持食物或物品引诱犬。当犬来到跟前时，以食物或物品奖励犬，同时可逐步诱导犬来到跟前坐下并给犬奖励，循序渐进。

3. 第三阶段

当犬听到"来"的口令后能顺利地在训导员面前坐好时，可将犬带到较为复杂的环境中使犬前来，其间需要给犬戴上长牵引绳，如果犬不听指挥或前来速度变慢时，可适当拉牵引绳直到犬在训导员面前坐好为止。

（五）注意事项

（1）下达"来"口令要掌握时机，当犬注意训导员时，再下达口令和做出手势。

（2）当犬前来时，训导员不要急于将犬拉向自己，更不能追赶，应以诱导方式为宜。

（3）本科目训练达到目标后，必须经常结合扯拉牵引带刺激，以不断强化巩固犬的正确动作。

七、"前进"训练

"前进"是犬按照训导员指认的方向迅速向前奔跑的能力。

（一）训练目的

培养犬按训导员指挥方向前进的能力。

（二）训练要求

要求犬根据指挥方向迅速向前奔跑前进，并密切注视前方。

（三）训练动作

（1）训练口令为"前进"。
（2）训练手势为右手臂挥伸向前，掌心向里，指示前进方向。
（3）主要非条件刺激为手拉脖圈、抚拍强化等。

（四）训练方法

"前进"训练常用以下2种方法进行训练。

1. 假送物品诱导法

训导员先令犬坐下，然后跑向犬的前方假装放物品，随后回到犬右侧，再以口令和手势指挥犬前进。当犬到达物品放置位置后，令犬卧下并迅速跑到犬旁给予犬奖励。按照此方法反复训练，然后增加放置物品的距离，犬能够达到一定距离后，可逐渐减少和取消假送动作，只用口令和手势指挥犬前进。

2. 利用有利地形法

训导员选择沿墙小路、河堤、田埂或长廊等有利地形，先令犬面向前进方向坐下，训导员的手势指向前方，同时发出"前进"口令，并同犬一起前进，直至到达指定位置。反复训练使犬熟悉口令和手势。

（五）注意事项

（1）使用假送物品诱导法时，假送中要有真送，这样有利于保持犬对前进的兴奋性。

（2）前进科目应与搜捕、搜索等科目结合进行训练。

八、衔取训练

衔取训练主要是培养犬根据训导员指挥衔取物品的能力。

（一）训练目的

通过训练，锻炼犬鉴别、追踪、搜索和规范衔取物品的能力。

（二）训练要求

训练犬在衔取物品后，不啃咬物品、不随意吐出物品，并坐于训导员正面，直到训导员下达"吐"的口令，犬将物品吐到训导员手中。

（三）训练动作

（1）训练口令为"衔"、"吐"或"放"。

（2）训练手势为右手指向令犬衔取的物品或方向。

（3）主要的非条件刺激指将物品强制塞入犬口中并用手托住犬下颌等机械刺激。

（四）训练方法

"衔取"科目训练主要包括3个阶段。

1．第一阶段

使犬建立对"衔""吐"的口令和手势的条件反射。在安静的环境下选取犬衔取兴奋性高的物品，晃动物品诱导犬衔取的欲望，并重复"衔"的口令，犬衔住后给予奖励，重复训练2～3次。犬能衔、吐物品后，应逐渐减少和取消以物品晃动挑引的诱导动作，直至犬能完全根据口令衔、吐物品。

2. 第二阶段

使犬具有衔取并送出物品的能力。此阶段训练方法有 2 种。一是抛物衔取方法，即让训导员当犬面将物品抛至 10 m 左右处，发出口令和手势，令犬去衔。犬衔住物品后即发出"来"的口令，令犬衔来并以"好"的口令奖励。犬要兴奋且迅速地去衔，须顺利衔回物品，在训导员正前方坐好，训导员发出"吐"的口令，令犬在训导员左侧坐好，并及时给予奖励。二是送物衔取方法，即先令犬坐延缓，训导员将物品送到 10 m 左右且犬能看见的地面上，再回到犬的右侧指挥犬衔取。犬衔取后返回到训导员正前方处坐好，训导员发出"吐"的口令，待犬吐完物品后，训导员下达"靠"的口令，令犬靠在训导员左侧，并及时给予奖励。如犬不去衔，应引导犬前去；如果犬衔而不来，应采取诱导方法及时纠正。

3. 第三阶段

通过训练使犬具备针对特定物品准确衔取的能力。首先准备具有训导员特定气味的物品，将其与没有人体气味的物品依次顺序摆放到一起，犬能通过逐个嗅认物品将训导员本人的物品衔回，在训导员正前方处坐好，训导员发出"吐"的口令，待犬吐完物品后，训导员下达"靠"的口令，令犬在训导员左侧坐好，并及时给予奖励。该能力达成后，训导员可通过手持衔物对犬进行刺激，待引起犬的注意后将物品送到 30 ～ 50 m 以外的地方隐蔽，再原路返回，令犬去衔取。若犬能通过嗅寻衔回物品，在训导员正前方处坐好，训导员发出"吐"的口令，待犬吐完物品后，训导员下达"靠"的口令，令犬在训导员左侧坐好，并及时给予奖励。如犬找不到物品，训导员应引导犬找回物品，并予以奖励。

（五）注意事项

（1）每次训练次数不宜过多，对犬每次的正确衔取，应及时予以奖励。

（2）衔取出现撕咬、玩耍或自动吐掉物品现象时，要及时纠正，确保衔取动作的规范性。

（3）为防止犬衔而不来，在犬离人较远时应加长绳控制，或利用地形控制。

（4）送物衔取，犬衔回后可以抛物衔取作为奖励犬的手段，同时要注意对犬进行衔取静止物品的训练。

九、延缓

延缓训练是犬按照训导员指挥，在一定时间和空间内相对静止且稳定地长时间保持某一姿势的能力。

（一）训练目的

通过训练，有效地控制犬的行为，增强其服从性。

（二）训练要求

使犬在原地不发生移位，身体姿势不发生改变且注意力集中（图4－8）。

（三）训练动作

（1）训练口令为"定"。一般在训导员指挥犬对某一动作要求延缓时发出的口令。如"坐"与"定"，"卧下"与"定"，"立"与"定"等等。

（2）一般无特别的训练手势，在训导员要求犬做某一动作的手势基础上，加延缓的口令"定"即可。

图4－8　坐延缓

（3）主要的非条件刺激为机械刺激、抚拍、食物衔取等。

（四）训练方法

以"坐延缓"为例，在训练之前要先解决犬坐下后，在没有训导员的口令时能保持坐姿不动。首先训导员下达口令"坐"，使犬坐下，然后推迟奖励的时间，从2 s内给奖励延长到5 s后给奖励，并慢慢延长奖励的时间，使犬明白训导员是在奖励它坐在那里不动的行为，然后重复这样的训练，直到犬明白当训导员未下达其他口令时，要保持当前行为。"坐延缓"是在坐的基础上进行，当犬坐下时，训导员下达口令"定"后，慢慢向后退一步，当犬没有解除延缓时，马上给予奖励，当训导员后退一步时犬不会解除延缓，随即慢慢拉长向后退的距离，到30 m即可。犬已经可以坐延缓后，为了巩固提升，可以慢慢加入干扰，干扰应由远及近，由弱到强，循序渐进，不可刚开始训练就采用很大的强度，否则犬很容易受到惊吓，导致前功尽弃。

（五）注意事项

（1）在奖励犬时一定要回到犬身边进行。

（2）训练中不要使犬受到惊吓。

（3）训练过程训导员要保持足够的耐心。

（4）在延缓训练过程中，应及时纠正犬自动解除延缓，并将犬带回原处。

十、"犬只转运"训练

犬只转运是培养犬的服从意识，在安静状态改变犬的位置。

（一）训练目的

锻炼犬安静能力，消除犬对人的敏感性，方便转运。

（二）训练要求

犬在转运过程中不得出现躁动或者攻击行为（图4-9）。

图4-9 犬只转运

（三）训练动作

（1）训练口令为"上""靠"。

（2）训练手势为右手指向转运桌。

（3）主要的非条件刺激为食物、衔取物引诱和抚拍。

（四）训练方法

训导员携犬随行至犬只转运起点，搜救犬靠于训导员左侧保持坐姿。训导员举手示意喊"好"，下达"上"的口令和手势，指挥犬跳上方桌保持立姿，训导员抱起犬齐步行进 5 m，将犬转交给工作人员，两人并行齐步行进 5 m（训导员在犬头侧并行）。工作人员将犬放下（放在训导员右侧），训导员下达"靠"的口令，搜救犬绕行至训导员左侧坐姿归位。

步骤一：首先诱导犬跳上方桌，只要跳上去就给予奖励。

步骤二：指挥犬可以自如跳上方桌后，使犬保持立的姿势不动，随后给予奖励。

步骤三：消除犬对人的敏感性。有些犬会对陌生人持有敌意，这时要让犬多和陌生人互动、玩耍。接触多了以后，犬也就对陌生人没有敌意，以达到陌生人可以抚摸、抱着行走且犬无敌意为准。

步骤四：犬对陌生人无敌意后，采取流程化措施，训导员抱，然后转交给陌生人抱，并及时给予奖励。

（五）注意事项

（1）各个环节的衔接要顺畅，中途出现错误应重新开始调整。

（2）陌生人与犬接触初期应注意安全。

第四节　应用科目训练

犬在实际搜救过程中必须具备各种工作能力。通过应用科目的训练，增强犬在各种环境下搜索人员、物品并示警搜索目标位置的能力。

一、气味联系训练

（一）器材准备

训练场、气味盒、气味源。

（二）训练目的

通过犬气味联系训练，使犬具备搜索到目标气味并能示警反映搜寻目标位置的能力。

（三）训练要求

使犬具有鉴别气味的能力，同时能适应各种复杂环境，准确迅速地找到目标气味并及时示警。

（四）训练动作

（1）训练口令为"搜"和"嗅"。
（2）训练手势为右手掌心向下，指向搜索区域或物体。
（3）主要非条件刺激为搜寻目标和衔取物等相关强化刺激。

（五）训练方法

在训练场上面摆放气味盒，并将气味源放置于气味盒中。训导员将犬带至离隐藏物品 5～10 m 的地方，用犬最喜欢的物品进行逗引，当犬的兴奋度达到最高点时，训导员以最快的速度将物品抛给助训员。助训员接到物品后，选择多个位置将物品以假放的方式放置一遍，并让犬目睹整个藏物过程。然后，训导员令犬搜索，在搜的过程中，训导员要不断地下"搜"的口令。当犬搜到气味源时，训导员要及时给犬下相应示警方式的口令，在犬做出相应示警动作后，及时地给予奖励。经过多次训练，使犬建立找到目标气味→做出相应示警动作→得到奖励的条件反射。此时，犬就初步建立了气味联系，然后要进行气味联系强化训练。在训练时，当犬找到目标气味源所在的气味盒时，可以将气味盒打开，让犬及时地得到气味盒中预先放置的附有目标气味的物品（毛巾卷、球等），然后立即同犬游戏并充分奖励，以达到强化气味联系的目的。

（六）注意事项

（1）训练难度要按照循序渐进的原则，初期训练难度不要过大，气味盒数量不要太多。

（2）初训时训导员要耐心引导犬搜索，帮助犬建立找到目标气味—做出相应示警动作—得到奖励的条件反射。

（3）要合理控制训练量，让犬时刻保持对训练的兴奋性。

二、箱体搜索训练

（一）器材准备

铁箱、训练场、人体气味附着物等。

（二）训练目的

使犬能够发现人体气味并及时报警。

（三）训练要求

通过训练，使犬在训导员指挥下完成各种环境条件下的搜救任务，并做出正确、果断的示警动作（图4-10）。

图4-10　箱体搜救

（四）训练方法

箱体搜救，即在长 40 m、宽 22 m 的长方形场地上，设置 20 个搜救箱，在每个箱体对应的位置设标识物放置点并安排 1 ～ 5 名工作人员充当被困者提前 20 min 隐藏于搜救箱内。训导员由准备区携犬至起点，指挥搜救犬进行搜索，犬示警后（持续示警时间为 20 s），根据计时裁判员指令，训导员将标识物放置在指挥区内箱体的对应位置上，待训导员确定最后一个被困者搜出，放置好标识物后，迅速跑至计时点停止计时器，计时停止。

在建立犬箱体搜救条件反射初期，先搜主人后搜他人，搜索主人与他人相结合，最终变为只搜索他人；利用犬的视觉、听觉、嗅觉的分化功能，先搜动后搜静，动与静相结合，最终在静态、有他人气味干扰的条件下逐个嗅认，分辨搜索出助训员；先搜干扰气味简单的，后搜气味复杂的，简单与复杂相结合，最终在他人气味、物品、食品气味干扰的条件下逐个嗅认，分辨搜索出助训员；先少摆放几个箱体后逐渐增加，少放与多放相结合；先牵引逐个指嗅搜索，后放开指挥搜索，牵引与放开相结合。建立犬箱体搜索反射要遵循训练原则，建立、巩固、提高箱体搜索的作业能力。

训练分为两种方式进行。第一种方式是通过 1 名助训员和训导员利用衔取物品逗引犬的衔取兴奋性，当犬衔物的兴奋度达到最高点时，助训员拿着物品让犬看到藏匿于场地的任意一个箱体内，然后训导员指挥犬搜索箱体，当发现助训员时训导员令犬吠叫，并积极抚拍犬强化鼓励，同时箱体内的助训员听到犬吠叫示警后抛物奖励犬。第二种方式是助训员藏匿不让犬看到，提前藏于箱体内，训导员利用衔取物调节犬的衔取兴奋性，令犬延缓，而后进入场地假装送物，返回指挥犬搜索箱体，发现助训员后令犬吠叫示警，由助训员抛物奖励犬。经过一段时间的训练，犬就会形成只有找到藏匿于箱体内的助训员，并且吠叫示意才能获得衔取物品（犬的玩具）的神经联系。训练中，助训员藏匿的位置要经常变换，同时要掌握对犬进行奖励的时机。

（五）注意事项

（1）在箱式搜索训练过程中训导员应采用牵引带控制的牵引式搜索。

（2）注意用牵引带传送信息时不能对犬产生过强刺激，使犬在搜索过程中产生抗拒。

（3）训练时可对犬进行指嗅等适当引导，以保证犬搜索的成功率，提高犬的搜索信心。

三、攀登障碍训练

(一) 器材准备

在平整场地上设置起点线、终点线和行进路径，由起点线至终点线随机放置独木桥、鱼鳞板、跷跷板、三级跳台、吊板桥、踩桥、断桥 (断口宽 2.5 m)、小隧道、木圈 (内径 70 cm)、跳栏 (3 组，高 76 cm)、轮圈 (52 cm)、软板桥、跳高架 (杆面高 1 m) 等 15 组障碍。

(二) 训练目的

通过训练，使犬具备通过各类障碍的能力。

(三) 训练要求

犬能够根据训导员的口令和手势快速通过各类障碍训练 (图 4 - 11)。

图 4 - 11　障碍攀登

(四) 训练方法

障碍攀登训练一般需要四步。

第一步：把比较难的障碍简单化，如高的障碍变低 (如独木桥、鱼鳞板、跳高架、栅栏)，长的变短 (如小隧道、软板桥、吊板桥) 等，减少犬初期的恐惧心理。

第二步：引导犬跳跃简易的障碍，增加犬跳跃障碍的自信心，同时犬在跳跃时训导员可增加"跳"的口令。

第三步：当犬有足够的自信心时，逐渐增加障碍的难度。当犬通过时给予犬比较大的奖励，让犬明白跳跃障碍是一件身心愉悦的事情。

第四步：当犬可以通过所有障碍时，逐渐把障碍衔接起来，初期衔接2个障碍，逐渐增加直至全部衔接完毕。

（五）注意事项

（1）训练前，要检查障碍的牢固程度，让犬进行热身活动，通过抛物衔取等方式活动犬的筋骨，提升犬的兴奋度。

（2）在犬跳跃障碍时做好保护措施，以防犬跌落，对障碍产生畏惧心理。

四、血迹搜索训练

（一）器材准备

房屋、气味罐、纱布、衣服、血液等。

（二）训练目的

使犬能在发现血迹气味后及时示警，并引导训导员找到被困者。

（三）训练要求

通过训练，使犬在训导员指挥下完成各种环境条件下的搜救任务，并对嗅认到的血迹进行正确、果断的示警（图4－12）。

（四）训练方法

气味联系阶段，可利用气味罐、气味

图4－12　血迹搜索

联系箱进行初期的气味联系。以气味罐为例，准备一个气味罐，在气味罐中放沾染上血迹的棉花、纱布等，然后把气味罐放在一个空旷的房间，房间内尽量不要有任何杂物。带犬进入房间，当犬开始触碰气味罐时，马上给予奖励，随后仔细观察犬只，犬如果有嗅气味罐的行为，即给予大的奖励，使犬对气味罐产生浓厚的兴趣。当犬已经对气味罐非常感兴趣的时候，把气味罐从1个增加到2个，一个罐子里放有血迹气味，另一个没有气味，当犬触碰有血迹气味的罐子时给予奖励，触碰没有气味的罐子时不给予奖励。

到中期时，当犬触碰有气味的罐子时，奖励稍稍延迟，训导员下达口令"卧"，犬卧下后给予奖励。如此重复，当犬嗅到有气味的罐子并卧下时，给予大的奖励。

到后期时，在气味罐中加上干扰气味，如狗粮、沐浴露、酒精、酱油等，让犬准确搜索出血迹的气味。

犬对血迹有了稳固的气味联系后，可以把沾染血迹的纱布放到复杂的环境中，初期搜索的范围不宜过大，如果犬搜索到血迹并示警，要及时给予奖励。

（五）注意事项

（1）在气味联系初期，注意不要使沾染血迹的物品沾染其他的气味，训导员要戴好防护手套，隔绝自己身上的人体气味。

（2）多做"大气味，小范围"搜索训练，让犬逐渐适应硬质地面的搜索形式。搜索过程中要多鼓励犬，适当地进行指嗅，犬搜索到血迹气味后的强化要准确、及时。

（3）如果经常用新鲜的血迹气味对犬进行训练，偶尔改用陈旧的血迹气味训练时，有的犬可能出现无反应的情况。这并不是犬没有对血迹气味产生气味联系，而是陈旧血迹的气味小，犬不适应。所以要把新鲜血迹的气味与陈旧血迹的气味相结合对犬进行训练，让犬对新鲜血迹气味和陈旧血迹气味均能准确反应。

五、废墟搜索训练

（一）器材准备

建筑废墟、血液、衣服、被褥、鞋等带有人体气味的物品。

（二）训练目的

通过训练，使犬具备根据训导员的指挥，在建筑废墟中拽寻被困人员的能力。

（三）训练要求

通过训练，使犬在训导员的指挥下，完成各种环境条件的搜救任务，并对嗅认到的物品、助训员做出正确、果断的示警动作（图 4 – 13）。

图 4 – 13　废墟搜索

（四）训练方法

首先要做好训练前的培训，包括建立亲和关系，进行环境锻炼、体能体质锻炼和坐、卧、立叫、去、来、衔取服从的培训，利用饲养管理、环境锻炼、体能锻炼的培养，强化亲和关系，增强废墟环境的适应性，增强犬体质体能，利用培训建立搜索的条件反射。具体操作如下：

（1）助训员牵住搜救犬，训导员采取做游戏、"藏猫猫"的方法，先挑逗，后快速藏到隐蔽的地方并高声喊"来"。助训员及时将犬放开，并发出"去""搜"的口令，犬来到隐蔽处时，训导员及时下达吠叫的口令，当犬吠叫时训导员应及时现身并奖励。

（2）选择较大可以隐藏人的场地让助训员牵住搜救犬，训导员及时边跑边挑逗，达到一定的距离时隐藏起来，助训员放犬并下达"去""搜"的口令，当犬搜到训导员时应及时予以奖励。

（3）结合上述培训，穿插安排坐、卧、立、叫、衔取的培训。

（4）坚持 15～20 天的上述训练，每天坚持数次，既初步建立了搜索的条件反射，又培养了其他的基础能力。

废墟训练首先要使犬适应废墟环境，即在新的废墟环境中搜救犬无强烈的探求反射、无抑制被动反应，表现为兴奋、自然、活动自如。其次，废墟搜救训练应突出吠叫的训练，使犬吠叫示警灵活自如，如效果不佳，可另行单独安排强化训练，达到灵活自如的目的。再次，废墟搜救训练应加强人体气味干扰能力的训练，如效果不佳，可通过搜箱训练予以加强。最后，废墟搜救训练应加强抗诱惑气味干扰能力的训练，特别是抗美味食物的干扰能力，如效果不佳，可单独安排拒食训练。

废墟训练应经过以下 3 个阶段：

（1）在废墟上建立搜救的条件反射。训导员将搜救犬带至较为熟悉的废墟搜救场地，面积不小于 600 m²，事先准备 1～5 个助训员隐蔽藏身点，间距不少于 15 m；场地摆放或藏匿带有人体气味的衣物若干件、食品和肉食品若干种作为干扰物品。训导员牵住搜救犬配合助训员挑逗犬，调节犬的兴奋性；在搜救犬兴奋性适宜的情况下，助训员由近及远、由明及暗地藏入隐蔽点；训导员适时地指挥搜救犬进行搜救，使搜救犬逐渐形成"去""搜""嗅"并及时连续发现助训员"吠叫"示警的条件反射。

（2）使搜救犬在废墟搜救中形成复杂的作业能力。废墟搜救作业能力复杂化是指搜救犬在训导员的指挥下，能够以最佳的作业状态，长时间连续不断地进行有效作业，并能根据口令和手势指示的方向迅速而准确地排除诱惑和干扰，及时发现被搜救者并果断吠叫示警的能力。废墟搜救场地应在 800 m² 以上，人体气味干扰物、食品、肉食品干扰物若干，分别摆放和埋藏在搜救场地，设置 3～5 个助训员隐藏点。训导员将搜救犬带至事先布置好的搜救场地，在事先不知的情况下，指挥犬进行搜索，要求搜救犬兴奋自然、迅速有序、全面细致，反应果断、示警及时，作业连续、对号准确。

（3）使搜救犬在复杂的废墟环境中能够进行有效作业。废墟搜救环境复杂化是指废墟的空间环境、时间环境、气候条件环境这三个方面的复杂化。搜救犬根据废墟搜救实战的需要，能够在一年四季每天任意时间内，气候较为恶劣、废墟环境较为复杂的条件下进行有效作业。为了达到搜救犬环境复杂化的作业能力，本阶段训练应做如下安排：

A. 在时间上，一年四季都应进行全天候的训练，使搜救犬适应各个季节每个时间段的作业。

B. 在搜救犬能力能够承受的条件下安排气候环境较为复杂的训练。

C. 在搜救犬能力能够承受的条件下安排废墟复杂的空间环境进行训练。

强化模拟实战训练，挖掘犬废墟搜救的潜能。废墟搜救训练达到考核标准后，就要安排模拟实战训练和执行实战搜救任务。在实战中检验训练成果，找出不足。同时根据实战的需要，制订出详细的模拟训练计划，强化模拟训练，挖掘犬的潜能。

（五）注意事项

（1）在犬形成搜索的基本能力后，要经常变换训练场地、助训员、训练时间、天气等训练条件。

（2）大范围搜索时应使犬有顺序进行，采取避实就虚，多搜空角，以锻炼犬的体力和搜索的持久性。

（3）搜索完毕后，训导员要及时将犬从废墟中带出，给予奖励，及时消除犬的疲劳。

（4）训练初期，应工作 30 min，休息 15 min，以防犬出现逆反心理。

六、野外搜索训练

（一）器材准备

山地、树丛、荒野、牵引带、脖圈等。

（二）训练目的

通过训练，使犬能根据训导员的指挥，在山地或者丛林环境中发现失踪者后及时示警，或引导训导员找到失踪者。

（三）训练要求

使犬能在野外嗅认到被困者，做出正确、果断的示警动作，或及时返回训导员身边引导训导员找到失踪者（图 4 - 14）。

图 4 - 14　野外搜索

（四）训练方法

1. 初期训练

犬先天对陌生的环境都有恐惧心理，为了使搜救犬克服这一心理障碍，训导员先带搜救犬在平地上适应，然后再进入稍微深点的区域。训练时，利用抛物诱导和引导等方法，促进犬慢慢适应野外环境。

让 1 名助训员穿好防护装备，隐藏在场地外围边缘等候。训导员带犬令犬注视助训员所在方向。这时助训员走动或发出声音，吸引犬的注意力。犬已发现助训员并吠叫示警后，助训员应迅速跑进山地或山林深处隐藏，待助训员隐藏完毕后，训导员令犬搜索，搜索到助训员后，训导员必须及时奖励犬。

2. 中期训练

助训员位置设置在犬未知的地方，等待一会儿后令犬进行搜索，将助训员找到。每次搜索到助训员后，训导员一定要及时对犬给予奖励，使犬吠叫示警。开始可通过训导员的指挥和助训员的挑引配合加以培养，逐渐过渡到犬自动吠叫。在训练过程中结合救援实际，还须进行有目标的远距离指挥搜索训练及简单的追踪训练。犬以返回作为示警方式时，应该令犬在遇难者和训导员之间的线路上往返跑动，用这样的动作将训导员带到遇难者的位置。

3. 提升训练

使犬接触山地崎岖、丛林灌木和野生动物较多的野外环境，并开展搜索任务。同时采取多种搜索形式进行训练，使其能在新鲜、刺激的条件下正常完成搜索任务。

（五）注意事项

（1）犬形成搜索的基本能力后，要经常更换训练场地和助训员，训练时间、天气等条件也要有所变化。

（2）对于大范围的搜索应指挥犬有顺序地进行，不可让犬轻易一搜就发现目标，而是要避实就虚、多搜空角，以锻炼犬的体力和搜索的持久性。

七、水上救援训练

（一）器材准备

游泳池、水库、湖泊、河流等水域场所，牵引带、脖圈（胸背）、短绳、救生圈、救生衣、衔取物、漂浮绳索等。

（二）训练目的

通过训练，使犬能够营救落水和被困水中的人员。

（三）训练要求

通过训练，使犬在训导员指挥下，能在各种环境条件中完成水上救援任务，并协助被困人员脱离危险。

（四）训练方法

1. 初期训练

带犬到浅水地带同犬一起游泳，消除其对水的防御反射，并开展漂流物衔取训练。

2. 中期训练

训练犬的长距离游泳能力，随后，使助训员距离岸边一定距离做出落水求救姿势，训导员站在岸边，通过口令或手势发出命令，犬带着绳索或者连有绳索的救生圈等游到溺水者身边，然后犬带领溺水者返回岸边。

3. 后期训练

训练犬的超长距离游泳能力，并强化犬的主动救援意识训练，即在犬没有注意的情况下，助训员从静止的船上入水。移动一段距离后，训导员使犬注意到水中助训员，在训导员通过口令或者手势发出命令后，犬跳入水中并游向助训员，最后将其带回训导员所在的船边。

（五）注意事项

（1）不要在水流湍急或水草很多的江河池塘及污水中训练。
（2）严禁采用将犬扔下水的做法，使犬产生恐惧心理。
（3）训练之前应对犬进行健康检查，发现异常应停止训练。

第五节　训犬基础箱的应用

一、基础箱介绍

在训犬基础箱中训练可以约束犬的行为，规范犬的动作。最基本的基础箱是一种如同长方体的盒子，顶部没有盖子，长宽与犬的大小基本相当，后面不设挡板。

二、基础箱种类

基础箱的种类有很多，但是作用都是一样的，都是为了给犬在训练科目中规范动作而设计的。但是，对于犬的训练而言，最终都是要脱离基础箱，让犬在没有基础箱的情况下能规范地完成科目训练。脱离基础箱时，需要用不同种类的基础箱慢慢过渡。

（一）长方体基础箱

长方体基础箱即最常见的基础箱，其呈盒子形状，顶部无盖，无后挡板，长度比犬的身长略微长一点，宽度比犬的肩胛部位略宽，分为大、中、小号，根据犬的体型选择合适的基础箱，如图 4-15 所示。

图 4-15　长方体基础箱

（二）无底基础箱

无底基础箱与长方体基础箱大致相同，其将长方体基础箱底部的挡板拆除即可。

（三）半身基础箱

半身基础箱与无底基础箱相似，但其高度要比无底基础箱要小，大约为5 cm。

在犬训练过程中，一般先采用长方体基础箱规范犬的动作，然后逐步使用无底基础箱和半身基础箱，使犬慢慢习惯没有基础箱的情况，最后完全去掉基础箱。

三、如何让犬喜欢上基础箱

第一种方法是将基础箱放在安静的环境当中，基础箱中放犬爱吃的食物，然后不经意地让犬在基础箱中发现食物，并让它吃完，可以在犬吃的过程中尝试拉走犬，如果犬出现向基础箱奔走的行为，松开牵引绳，让犬接着去吃，循环往复，犬会慢慢地喜欢上基础箱。

第二种方法是引导犬进入基础箱，当犬第一次踏入基础箱时，给予一个大的奖励，每次踏入就给予奖励，循环往复。根本原则是，只要犬在基础箱内，犬就可以获得它想要的一切奖励，从而使犬主动且愿意进入基础箱内进行训练，达到训练的目的。

四、基础箱坐标定位法则

基础箱坐标定位的目的是让犬的动作更加标准，在训练过程中不易出现偏差，减少纠正的次数。

这里我们假设基础箱的前挡板，犬立起来与头部平行的方向为原点，上下为 Y 轴，基础箱长的方向为 X 轴，基础箱宽的方向为 Z 轴（图 4 - 16）。训练坐、卧、立的时候，训导员的手定位在基础箱坐标的原点为 O，沿 X 轴和 Y 轴移动。使犬的头部保持在原点的上下之间。当然，这都需要在训练时使犬保持高度的注意力，犬进入基础箱后会盯着训导员的手。

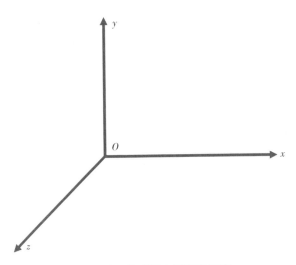

图 4 - 16 基础箱坐标定位示意

五、基础箱在服从科目中的实际应用

(一) 服从科目：坐

训练坐时，根据坐标定位法则，训导员将手放在原点位置，这时犬应当有一定的注意力的基础，犬盯着手看时，手沿 Y 轴向上，犬追逐食物，头向上抬，身体自然蹲下，成坐的姿势，然后给予奖励，如图 4 - 17 所示。

图 4 - 17 坐

（二）服从科目：卧

同样根据坐标定位法则，训导员将手放在原点位置，犬盯手时，手沿 X 轴正方向、Y 轴负方向移动，如图 4-18 所示。

图 4-18 卧

（三）服从科目：立

同样根据坐标定位法则，犬在坐或者卧的基础上，训导员将手沿 X 轴负方向移动，犬立起来，姿势标准，给予奖励，如图 4-19 所示。

图 4-19 立

（四）服从科目：坐、卧、立延缓

犬的坐、卧、立训练有了一定的基础后，利用基础箱，开始训练犬的延缓。什么是坐、卧、立延缓？延缓训练即犬听到"定"的口令时，训导员离开，犬依然保持坐或卧、立的姿势，如图4-20所示。延缓训练需要极大的耐心，花费时间多，但又不能让犬产生厌烦。

图4-20 坐延缓

通常训练时，下达坐或卧的口令，在犬有注意力时，训导员缓缓向后退出一步，犬无移动的迹象，马上给予奖励，如此循环，使移动距离从一步慢慢增加到1 m、2 m……切记不可操之过急，开始时奖励要频繁，之后慢慢延长奖励时间。

（五）服从科目：远距离指挥

远距离指挥的前提是犬有一定的延缓训练基础，同时对训导员要有足够的信任。训导员在犬延缓的基础上进行坐、卧、立、吠叫、前来的指挥。

第五章　搜救犬的行为心理

　　搜救犬由于特殊的工作性质需要长期接触一些不寻常的环境，这些地方往往充斥着负面情绪的触发因素和有害物质，容易对搜救犬的身心健康造成巨大伤害。恐惧、焦虑、创伤后应激障碍等问题往往是搜救犬的异常行为产生的主要原因，这不仅影响搜救犬的工作效率，也是对搜救犬生活福利的严重损害。因此，搜救犬的心理健康与身体健康同等重要。

　　在介绍搜救犬常见的异常心理和行为之前，我们会首先介绍搜救犬作为犬类动物所具有的自然天性和自然行为，这有利于后续更好地理解和处理搜救犬的行为问题。从本章第三节会开始讨论搜救犬常见的行为问题和管理办法。

第一节　犬的自然天性

　　人类在理解其他动物的情绪和行为时会更倾向于使用拟人化的思维，我们试着理解它们的行为和情绪，也和它们分享我们的感情，这是人类天生的同理心在推动我们这样做。但是，犬作为犬科动物，其自身独特的生理构造必然会形成人与犬的差异，所以我们在尝试理解犬真正的想法时也不要忽略它们与我们的不同。

　　搜救犬这样的工作犬种，需要与训导员相互配合、默契合作。训导员只有正确认识犬的独特生理构造和生活习性，才能更高效地教导搜救犬服从训练、完成搜救任务。

一、犬的感官

（一）嗅觉

　　丰富的气味为犬的社交、生存、繁殖提供大量信息，指导犬的行动。犬在出生时就拥有嗅觉，其解剖学和生理学特征决定了嗅觉是它们获取外界信息的主要途径。犬的嗅觉上皮表面积远大于人类，其嗅觉细胞上的受体也远多于人类，另外，犬还可以将吸入鼻腔的空气保存在嗅隐窝中，这样能有更多的时间处理空气里的信息。

犬类处理气味的方式很特别，两个鼻孔会分别处理不同的气味：左鼻孔识别熟悉的和不厌恶的气味并由左脑记录，右鼻孔识别陌生的气味（如其他犬的气味）并由右脑记录。犬还会通过快速吸入和呼出气体搅动灰尘和颗粒，从而接触更多的气味分子。对于某种特定的气味，犬会花更多时间来识别和追踪，嗅探的频率也会降低。犬识别地上的气味时，会在气味最浓的地方采取"曲折前进"的方式沿着气味更浓的方向搜索；气味在空气中会传播得更快，犬可以根据气味散发的方向迎风追踪，如果跟丢了气味踪迹，则会在地上来回嗅探，直到重新发现踪迹。

犬的嗅觉极其灵敏，他们能够分辨非常相似的气味，并在许多混杂的气味中识别出某种特定的气味，即使气味被稀释到万亿分之一。不过这种嗅觉能力会受到许多因素的影响。比如环境因素，湿度会影响空气中气味分子的数量。生理状态也会影响获取和处理气味的能力。喘气会减少吸入的空气量，所以如果犬很热或者刚刚结束剧烈运动，它们的嗅觉能力就会降低；脱水状态会使它们辨别气味的能力受到影响。犬嗅觉同样会受到许多疾病的影响，如呼吸系统疾病和内分泌疾病（库欣综合征和糖尿病等）。另外，嗅觉会随着年龄的增长（一般是从14岁开始）而进一步衰退，并且会受到某些药物的影响，如甲硝唑、类固醇和麻醉剂等。不同品种的犬也会存在嗅觉能力的差异，鼻子较大、耳朵较长的犬种更擅长嗅探，能够很好地完成气味追踪的工作，因此搜救犬的选择更倾向于这类犬种。

犬喜欢通过气味进行交流。它们到处留下气味信号提示其他动物自己的存在，如在领地内排尿、排便，也会花大量时间寻找和跟踪其他动物留下的气味。当它们遇到其他动物时，它们还会主动去嗅闻那些产生气味信号的身体部位，如脸、耳朵、包皮和肛门区域。犬留下气味印记的频率和位置取决于犬的年龄、性别、绝育状态、繁殖能力，以及犬与其他动物的关系。公犬和母犬都会抬起或翘起一条腿，在高处标记尿液信号。

人们常常难以意识到嗅觉对犬的重要性。允许犬自由地嗅闻周围人、其他犬和它们所处的环境是很重要的，尤其是当它们进入一个新环境或者处在比较紧张的状态时。另外，当我们不知道犬突然做出某种行为的明显原因时，很可能是它们闻到一些人类无法感知的气味后的反应。

气味可能会引起犬的应激反应。有研究表明，感到害怕的人会散发表示恐惧的气味，如果这些气味被犬识别到，它们就会表现出一些对应的反应。犬也可以把气味和痛苦的经历联系起来，所以如果它们再次遇到这些气味，可能会感到害怕。

（二）听觉

声音是犬获取外界信息的第二大途径。犬的耳道在 19 日龄左右开放，幼犬在 25 日龄开始对声音做出反应。犬能听到的频率范围为 20 ～ 45000 Hz，200 ～ 15000 Hz 是听觉最好的范围。相比之下，人类的频率范围要窄得多，为 13000 ～ 20000 Hz，听力最好的范围为 1000 ～ 4000 Hz。犬在辨别不同声音方面也比人类更优秀，它们可以通过转动耳郭或改变其形状来捕捉声音，然后在大脑的听觉中心分别处理每只耳朵接收到的信号，从而判断出声音的来源。

解剖学和病理学、环境等因素都会影响犬的听力。在解剖学上，耳道、鼓膜、中耳和内耳的大小和形状的差异会影响犬正常接收和处理声音的能力。耳道上或耳道内过多的毛发不利于声波的收集，任何使犬不能随意转动耳郭或改变耳朵形状（下垂或弯折的耳朵）的情况都会干扰犬捕捉和定位声音的能力。病理方面，包括先天性或后天性耳聋，耳外伤、炎症、感染和肿瘤变化都会影响犬对声音的处理和反应能力，一些手术则会削弱其听力，甚至使其永久丧失听力。当然，和气味一样，环境因素也会影响声音的传播。温度和湿度会影响声音的传播速度，声音会被障碍物阻挡，或被软家具或植被等吸收性减弱，回声效应也会混淆声音的来源。

（三）视觉

幼犬在 2 周龄大时睁开眼睛。犬出生后一开始只能感受明暗，在 25 天后可以辨别形状，5 ～ 6 周龄时视力发育完全。犬视网膜上的杆状细胞比人类更多，感光能力更好，这使它们更加擅长在光线弱的情况下发现和跟踪猎物。犬强大的夜视能力也得益于其眼球内一个特殊的结构——反光膜（tapetum lucidum），这是一层具有反射性的组织，能将到达眼睛后部的光线反射回来，再次穿过视网膜，从而光线就会再次被视杆细胞吸收。这也是为什么夜晚可以看见犬眼睛发出幽幽荧光。过去的研究表明，犬似乎也可以感知紫外线，这种能力进一步提高了它们的夜视能力，甚至能看到人们无法看见的事物，如尿液痕迹。

可以认为犬在视觉上的突出优势是用另一部分的缺陷为代价换取的。视网膜上的视杆细胞越多，视锥细胞就越少，犬的视锥细胞只有 2 种，可以区分黄色和蓝色光谱，却不能区分绿色和红色，类似于人类的红绿色盲，是典型的双色视觉。不过，这样的"缺陷"却能让犬在弱光环境中更好地区分颜色。另外，反光膜的存在会降低犬视觉的清晰度，事物的轮廓在它们眼里会变得模糊，人类能看到的事物的细节是犬的 2 ～ 4 倍。在搜救犬的训练中，我们需要使用蓝色和黄色的玩具或训练工具，这两种颜色更容易引起它们的注意。在草地上训练犬时，白色的道具是一个不错的选择，能够和绿色草地的颜色形成鲜明的对比，但在气味相关的训练中，为了使犬多使用嗅觉，减少视觉干扰，道具的颜色最好选择它们不容易区分的红色和绿色。

有许多因素可以影响犬的视觉能力。脸的形状会影响犬的视野和视觉立体性。短头犬种的视野较窄，但双眼视野重叠区域较之长头犬种更多，形成的图像就会更加立体。长头犬大多为视觉猎犬，它们有更宽的视野，这提高了追踪猎物的能力，但因为双眼视觉重叠较少，它们对三维空间的感知能力则要弱一些，这或许就是一些出色的视觉猎犬在全速猛冲时容易跌进沟里，或者被一些小型障碍物绊倒的原因。有一些同样影响犬视觉的细微因素容易被忽视，如眼睛上方过长的毛发（古代牧羊犬就是一个很典型的例子）。除此之外，视觉系统的疾病（先天或后天）也是影响视力的因素之一，其中一些疾病不会出现容易被人察觉的症状，定期的视觉体检能够及时发现和治疗这些问题。

（四）触觉

犬作为一种群居物种，其触觉系统高度发达。触觉是犬社交的重要方式，它们通过触觉感受压力、温度和平衡的变化，也通过触觉感受威胁和经历痛苦。

二、犬的情绪

犬的情绪复杂且对其行为有重要的指导作用，了解犬各种情绪的诱发因素有利于预防和解决犬的一些行为问题，是对动物保护福利理论的践行，且满足犬的心理需求也能加强主人与犬之间的亲密感和默契。针对犬情绪类型的解读模型有很多，被最广泛应用的是主要情绪与次要情绪分类法。主要情绪指那些强烈且相对单纯的本能反应，如恐惧、快乐、厌恶、愤怒及"战或逃反应"（fight or flight response）等；次要情绪则更加复杂，是一种混合体，常常与多种主要情绪有关系，但又与它们都不相同，次要情绪需要通过一定的学习和经验来习得，所以犬产生某种次要情绪往往是一个复杂的过程，具有一定的特异性，同一种次要情绪的诱发原因可能会根据时间、地点、事件而有所不同。比如，犬只有在意识到自己做错事的时候才会产生内疚感，而这件"错事"对不同犬来说可能不太一样，它们也很难感知到自身行为的对错，它们更可能会因为观察到主人愤怒的表情、激动的语气、提高的音量及大幅度的肢体动作而产生"犯错"的认知，从而产生罪恶感并感到内疚。次要情绪是学习与认知相互促进的过程。

三、进食行为

犬由狼驯化而来，理论上可以单纯依靠以动物蛋白为主的食谱生存，不过，长期家养的模式使犬能够很好地适应人类的饮食，加上人类选择性的育种繁殖，大多数家养犬已经不具备完全的猎杀能力，只会在选育过程中保留一些特定品种的狩猎技能和欲望。例如，寻回猎犬更擅长寻找猎物而不会有强烈的追逐和猎杀欲望，牧羊犬则表现出强烈的控制和追逐倾向，但不会有杀死猎物的欲望。了解不同犬种的特点有利于我们理解这些犬的行为，充分利用这些天性为人类生产活动进行工作，或者解决某些行为问题。虽然现在的犬很少再有狩猎相关的动力，但它们会表现出捕猎和觅食相关的行为，如嗅探、追逐一些非食物的物体（球之类的玩具）来模拟狩猎活动，或者撕咬、抓挠主人的拖鞋或家具来模拟杀死和进食猎物。商业化犬粮的普及在提高喂养便利性的同时却忽视了犬获取食物过程的天性，犬的狩猎冲动得不到发泄，一些问题行为会因此产生。

犬在驯化过程中产生了消化淀粉的能力，变成杂食动物的犬的喂养成本降低，并且帮助人类减少了食物的浪费。犬的食物来源主要依靠人类给予，因此犬也变成了机会性杂食动物，它们不像狼群那样善于合作分享，对食物的占有欲更强烈，不喜欢与其他犬或动物分享食物，通常会快速进食防止食物被抢走，处于抢食压力下的犬甚至会表现出过度进食和异食癖（食腐、食粪）行为，也会对偷吃和乞食行为表达厌恶情绪甚至出现攻击行为。

四、领地行为

自然界中的动物会将自己的核心领地作为防御区域，而核心领地以外的区域，它们会经常巡视，并在这里狩猎和寻找配偶，但通常不会在这里与其他入侵动物大打出手。

面对入侵领地的行为，犬最本能的反应是吠叫，作为一种群居动物，犬吠叫不一定是威胁靠近领地的动物，也可能是发出警报，告诉同伴（其他犬或主人）入侵者已接近领地。犬对陌生人进入领地的反应也取决于犬的性格、曾经与陌生人相处的经历及学习经验。如果曾经有进入领地的陌生人让犬产生了不愉快或者恐惧的记忆，之后再有陌生人靠近时就会唤起这些记忆，使犬做出防御行为；如果主人鼓励它们对靠近的陌生人发出警告，犬就会不断学习和强化这个过程，甚至在一些无意的情况下犬会自己学习这种行为，如送货员靠近房子，放下东西后离开，犬会认为送货员离开纯粹是因为自己的行为，不会知道送货员并不打算入侵它的领地，因此加强了它的行为，下次出现类似情况时它会再次吠叫。

五、活动和休息

犬的活动和休息是一个很容易被忽略的能够对犬的行为产生影响的因素，犬的活动量没有得到满足，就会将过剩的精力发泄在其他地方，最常见的例子就是城市内圈养在狭小室内的工作犬种的"拆家"行为。如果犬缺乏睡眠和休息，则会像人一样变得易怒、狂躁、情绪不稳定，也会导致身体健康问题。

关于缺乏睡眠和休息对犬的影响的研究有限。不过对其他物种的研究一致表明，休息和睡眠不足会对健康、情绪和应激能力产生负面影响。因此，睡眠不足会对犬的行为产生负面影响，可能导致其情绪低落或易怒，从而可能具有攻击性。睡眠不足可能是生理因素造成的。例如，疼痛或疾病会中断睡眠，短头犬种容易出现呼吸暂停。睡眠不足也可能是环境因素造成的，不间断的噪音和打扰会频繁打断睡眠。一些天生精力旺盛的工作犬种可能只在无事可做的时候才会休息。因此，必须给予犬充分休息的机会，并在工作中提供休息时间。

六、玩耍

玩耍不是幼犬的特有行为，犬在经过驯化后，即使成年依然会有玩耍行为。对幼犬来说，玩耍是一种没有冲突和伤害的社交练习，它们在这个过程中学习社交礼仪、求偶及解决冲突的能力，即使在一旁观看，没有参与其中，依然能够达到学习的目的；对于成年犬，玩耍是一种满足社交需求或狩猎天性的途径，如牧羊犬喜欢追球和接飞盘，梗犬会撕咬和埋藏玩具，它们还偏爱那些会像猎物那样发出声音的玩具。模拟狩猎的追逐游戏很少会失控，但当有高度猎食性驱动的大型犬加入游戏时，其他犬尤其是小型犬很容易受伤。

第二节　犬的社会行为

社会行为的进化是为了建立、维持和/或改变 2 个或多个个体之间的行为或关系，以最大限度地提高物种生存的概率。它通常对群体有利，但并不总是对个体有利。在资源缺乏的环境中，那些体弱或不能适应环境的个体会被淘汰，无法繁殖甚至无法生存，只有在竞争中存活下来的个体能够继续繁衍后代。通过这种方式能最大限度地提高这个物种的环境抗性，保证物种的进化和延续。

一、社会行为

（一）合作行为

由于哺乳刺激催产素分泌而产生的亲密关系，这种合作行为会最先发生在母亲和幼崽之间。犬作为一种群居动物，除了与母亲建立联系，也会与兄弟姐妹建立联系。母子关系包括给予和接受照顾的行为，同辈关系中，亲密行为包括社交问候、玩耍和相互梳理。与母亲的亲密联系最后会随着幼犬长大而逐渐消失，而同辈关系可能是终身的。犬也会对人产生母子或同辈的亲密关系。最常见的是母性依恋，类似于小孩对父母的依恋，所以犬也会对主人做出寻求照顾的行为，如乞讨食物，或者通过吠叫、抓挠来吸引注意，这些对犬来说是正常的，但很容易被主人视为顽皮。此外，还有一些犬会对人表现出关心的行为。在一项测试中，当主人被困在盒子里时，大约一半的犬会表现得很痛苦，并且试图"拯救"主人。曾经有人拍摄了一组搜救犬找到幸存者的照片（图 5-1），照片里每一只犬脸上的神情似乎在对受困者表达关心，仿佛在说"你在这里呀！""你还活着真是太好啦！"等。

犬的社会行为通常是合作式的。犬类非掠夺性的攻击也属于这样一种社会行为，尽管这在字面意义上似乎有点矛盾，但它的目的是解决争端和最大限度地减少伤害的风险，以维护群体的整体利益。冲突在多只动物之间永远不可避免，犬与人之间、与其他犬之间或者别的什么动物之间都有可能发生冲突。从物种进化的角度来讲，因冲突造成的个体伤害不利于该种群的生存和繁衍，因此群居性动物已经进化到不需要动用武力就能解决大部分冲突。在犬身上，人工选育在犬这一方面的进化过程中发挥了很重要的作用，大部分倾向武力解决问题的犬要么被实施安乐死，要么被绝育，很少有机会把这

图5-1 搜救犬面部神情（图源：大爱狗狗控公众号）

样的"暴力基因"传给下一代。而犬也形成了一套它们用于处理冲突关系的交流信号，这些将在本节讲到。

（二）社会结构和等级制度

统治等级（dominance hierarchy）被定义为"每个个体的行为由其在高度结构化的社会等级中的位置所支配的社会系统"。作为解释动物社会行为的一种原理，其一直被人们错误地运用在犬行为问题的管理方面。那么犬是否会因为这种统治关系在群内形成统治阶级呢？在许多研究者的观察结果中，犬群中只有个别犬之间会表现出这种统治－服从关系，也没有明显证据表明犬群内存在需要全体成员遵守的等级制度。

尽管现在我们知道"统治等级"理论是站不住脚的，仍然有不少人建议主人通过宣示自己的"统治地位"来遏制犬的一些在他们看来是"逾矩"的行为问题，但是犬没办法理解人类这样做的逻辑，因此，使用这种"阶级打压"的方法在犬看来莫名其妙，不太可能达到预期结果，甚至会加重行为问题。限制犬需要的资源除了不符合动物福利原则，还可能会使犬为了满足需求做出更糟糕的事情。更令人担忧的是，这些"巩固地位"的教导方式对主人来说是非常危险的，这可能会导致犬产生痛苦、恐惧的情绪，引发攻击行为。另外，这种犬不能理解的惩罚行为使它无法预测什么时候会受惩罚而逐渐产生慢性焦虑，或者变成"习得性无助"，类似于自闭状态，犬因为害怕被惩罚而不做任何事情。因此，我们建议主人最好不要使用这种方法来纠正犬的行为问题，在下文我们将介绍更加安全有效的方案，如果有需要，还可以考虑向临床动物行为学家求助。

二、交流

（一）理解犬的交流方式

犬之间通过交流来传递信息和表达情绪状态。它们使用各种各样的声音表达不同的含义，短而尖锐的吠叫通常是为了邀请玩耍或寻求关注，长而低沉的咆哮则是一种威胁。声音背后的意图也经常会伴随肢体语言共同表达出来。例如，如果犬在玩耍时吠叫，它通常会肌肉放松，并释放玩耍信号，如"玩耍鞠躬"；而如果吠叫是为了警告，犬通常会表现得紧张且不动，并紧盯着目标。交流的结果也会反过来影响接收信息者的行为。比如，一只犬发出痛苦的呜咽可能会激发其他犬或人想要过来帮它的意愿；同样，一只犬发出警告的咆哮时，周围的犬和人可能会远离它，至少不会继续靠近它，也防止了更剧烈的冲突。

犬作为群居动物天生具有交流能力，其独特的交流方式是由基因编码的先天行为，但它们仍然需要通过一定的学习来激发和巩固这些行为。比如，犬在互动时的"玩耍鞠躬"是先天的行为，但它需要在看见过其他犬在邀请玩耍时这么做后才会知道，之后每一次使用这个动作成功邀请其他犬互动，都会加强它使用这一动作的意愿，如果不恰当地使用这个动作而引发一些不愉快的经历，就会触发"纠正"。

犬和人不仅能读懂同类的交流信号，也很擅长读懂彼此的交流信号。犬在 4 个月大的时候就能读懂人类的面部表情，并能跟随人类的指示。而人类似乎天生就能理解犬各种叫声所表达的含义。这种神奇的跨物种交流也存在局限性，比如人类无法理解的气味信号，或者同种信号对犬和人意味着不同的含义，都会导致交流障碍，也是引起人和犬冲突的主要原因之一。所以我们了解更多关于犬交流的细节，也就能有效预防这种事情发生。

犬主要通过嗅觉、声音和各种各样的行为来传递和接收信号，这些行为被归为非语言交流。嗅觉信号包括气味和信息素，这些是人类无法读取的信号，但在犬类交流中起着关键作用，所以在解读犬类行为时，要时刻记住犬可能是在对我们无法察觉到的气味信号做出反应。

（二）社交问候信号

初次见面的两只犬会首先使用社交问候的信号表明自己不构成威胁，这可以是纯粹的"打招呼"，之后没有继续交流，也可能是其他行为的前奏信号，如邀请玩耍。因此，如果犬在最初接近或表示想玩之前没有使用社交问候信号，这可能会被接收信息的犬误解为威胁信号，引发防御性反应，或者当主人直接牵着犬接近另一只犬时，也会出现类似问题。

（三）玩耍信号

犬玩耍的内容常常是模拟求爱、战斗、捕食行为，因此双方犬必须清楚这是一场游戏，避免在玩耍过程中发生冲突，多只犬玩耍，或者犬与人玩耍的情况下同样需要注意这一点。因此，在游戏中对犬进行监控是很有必要的，尤其是对幼犬。幼犬通常通过跟成年犬玩耍互动学习社交行为，它们在最开始时很容易犯错，成年犬最初会使用较温和的方式教导幼犬，如果这样不起作用，会逐渐升级为轻微的指责，最后则是更加强烈的"纠正"手段，如提高音量、咆哮和吠叫，但主人绝对不允许成年犬对幼犬造成威胁和身体伤害，否则可能会导致幼犬对成年犬产生恐惧。

不同的犬喜欢的游戏类型也不一样，一些喜欢"优雅"地玩耍，少一些肢体接触，一些则更喜欢粗野的打滚游戏。这可能与犬的品种有关，例如，牧羊犬喜欢追逐，视觉猎犬（如阿富汗猎犬、灵缇等，以强大的视觉能力和极快的速度著称）喜欢被追赶（因为没有人能抓到它们），斗牛犬则喜欢摔跤比赛。然而，就像所有与品种相关的问题（如遗传病、品种特性等）一样，这只是一种整体情况，个体之间会有差异。考虑到游戏风格的差异，犬与犬第一次见面玩耍时要有监督，以确保双方都喜欢游戏。随着时间的推移，犬通常会找到喜欢和它们玩同样游戏的固定玩伴。

如果其中一只犬很明显不想继续游戏，或者变得过度兴奋或具有攻击性，那么需要做一些事情转移犬的注意力来中断游戏，让它们冷静下来。如果不清楚犬是否愿意继续，可以先暂停游戏，控制可能有攻击行为的犬，并评估弱势犬的反应，如果它表现出想要重新加入游戏，那就说明问题不大，但仍然需要继续监控。另外，中断游戏应避免直接抓住犬，它可能会反过来伤害你，或者认为你也加入了游戏，变得更加兴奋而难以控制。

（四）预防和解决冲突信号

所有社会性物种都会有冲突，使用"冲突"信号（"agonistic" signals），可以防止冲突升级到有受伤风险的地步。对犬来说，这种情况主要发生在争夺有价值的东西时，或者觉得受到威胁的时候。然而，犬也可能会在它们预判会受到威胁的情况下先发制人地使用这些信号，如遇到了曾经跟自己有冲突的犬。用于防止或解决冲突、表现应激反应的信号和社交问候、玩耍及安抚的信号之间有大量重叠。然而，判断行为所表示的信号属于这些类别中的哪一类并不重要，重要的是理解这种行为表明了犬怎样的感受，它的需求是什么。到目前为止，安抚信号是冲突中最常用的信号，通常是双方使用。不过这些信号有时候并不是非常明确，同样的行为也可能发生在非冲突的情况下。因此，安抚信号常常容易被忽视，尤其是被主人忽视，而后导致升级为使用威胁信号或攻击。学会解读不太明显的安抚信号，可以及时发现犬的异常状态，并采取行动预防情况恶化。每只犬使用的信号有所不同，但最常见的情况是一开始使用较低级别的信号，如果这些信号不起作用，或者它们根据经验已经知道它们不起作用，就会逐步升级到更高级别的信号。在解读安抚信号时，也要注意犬在恐惧、焦虑或有压力时的典型行为。虽然这些可能不是主动表达的信号，但它们仍然可以让我们了解犬的情绪状态。威胁信号用于安抚信号不起作用，或者已经知道它不起作用的时候。重要的是，我们需要清楚威胁信号的本质：这是为了避免真正的打斗或受伤。就像安抚信号一样，犬通常从较低层次的信号开始使用，只有在其不起作用或它们已经知道不会起作用时，才会使用较高层次的信号。以下列举一些比较重要的威胁信号。

低级别的威胁信号包括：

（1）嘴巴紧闭、安静且紧绷。

（2）尾巴直立不动或缓慢摇摆。

（3）保持眼神直视。

（4）头和身体重心向前。

高级别的威胁信号包括:

(1) 低沉地咆哮。

(2) 脸部皱缩,露出牙齿。

(3) 朝目标扑过去。

(4) 对着目标方向的空气猛咬。

(5) 靠近目标但是不攻击。

(五) 交流信号的解读

尽管人类确实有解读犬的交流信号的天赋,但在很多时候我们也难以理解它们真正想要表达的想法。因此,在解读犬想法的时候,需要记住以下五点。

1. 信号的意义

犬类非语言交流中使用的许多信号可以表示多种含义。例如,犬举起爪子可能是邀请玩耍,也可能是安抚另一只犬。犬可能会将翻滚作为游戏的一部分,请求挠肚子或是示弱,表示安抚。打哈欠可能是一种安抚的信号,以表达自己没有威胁,也可能只是它刚刚睡醒。咆哮的犬可能看起来很有攻击性,但同时表达的其他信号可能表明它实际上很害怕。因此,观察这些信号的组合,对准确解读犬的行为信号是很重要的。

2. 外表的影响

犬外表的差异,无论是由于驯化还是手术干预,都会影响犬与犬之间的交流。比如尾巴,斗牛犬没有尾巴,哈巴犬尾巴卷曲,秋田犬尾巴永远高举。又或者耳朵,西班牙猎犬只能动耳朵基部,耳郭形状不会太明显,且它们布满皱纹的脸也使他们缺乏表情表现力。因此,不仅要考虑犬在使用什么信号,还要考虑它们可能试图使用但由于它们的外表限制而无法表现的信号。

3. 品种的信号

所有的行为或多或少会受到基因的影响。例如,边境牧羊犬在接近他人时经常采用尾随的方式,这看起来很吓人,而梗犬即使在感到紧张害怕的时候也常常会靠近让它害怕的事物或对着它发出叫声。然而,犬种之间有很大的差异,因此这并不是一个可靠的行为预测指标。

4. 令人困惑或矛盾的信号

信号有时会变得矛盾,这可能是因为犬正处于情感冲突中,所以可能会发出混合信号或在不同信号之间切换。例如,一只天生外向的犬变得害怕某些犬时,可能会把玩耍邀请与低级的安抚或威胁信号混淆在一起,表达"我想玩,但我很害怕"或"我想玩,但不要惹我,因为我要自己玩"等。就像人一样，犬使用的信号也会有个体差异。这通常是由于犬还没有学会有效地沟通或犬自身特有的癖好。不过仍需小心的是，这些矛盾的信号有时意味着犬出现了异常，例如，可能患有神经疾病或在成长期遭受严重行为抑制。

5. 信号之间的回应

交流是双向的，所以应该记住，犬在任何特定情况下的反应在一定程度上是对周围动物行为的回应。因此，如果犬看起来很害怕或使用威胁信号，这很可能是对来自其他犬的威胁信号的反应。在某些情况下，也可能是因为人类的行为无意中模仿了犬类的威胁信号。例如，人类在接近犬时可能会一直盯着它的眼睛，然后俯身抚摸犬的头，保持眼神交流在犬看来是在释放威胁信号，此时靠近它并产生肢体接触会让犬感到紧张，犬可能会使用安抚信号来回应，比如在地上仰面打滚，露出肚皮，此时人们容易误解为这是犬在请求摸肚皮，事实上，如果真的伸手摸了，犬很有可能会发出咆哮的威胁信号或者出现攻击行为。当我们不能正确识别犬的信号时，误解带来的伤害会让我们认为犬出现了行为问题。

第三节　犬的应激管理

应激是犬体对各种非常刺激产生的全身非特异性应答反应的总和，即对一切胁迫性刺激进行全身适应性反应的总称，会造成犬的生命机能障碍，甚至死亡。动物应激对动物的生长发育、疾病防疫和性能培育具有重大影响。应激分为正面应激与负面应激，适当的正面应激不但有助于训练，而且对犬的身体健康有益。但是，过度的负面应激，不但会给犬留下心灵创伤，还可能会造成不可逆的身体损伤，导致其机体免疫力下降、抗病能力下降。工作犬由于其工作的特殊性，在日常训练、运输和工作中会遇到多种应激因素，减少应激可有效维持犬的工作性能和争取更长的服役年限。本节将介绍应激的生理过程、训练中有利的正面应激，以及训练、外出、运输过程中的应激及其预防方式。

一、应激的生理过程

（1）肾上腺反应阶段。动物在应激因子的刺激下出现各种损伤现象，并动员抵抗损伤反应，其特征是交感神经系统释放大量的肾上腺髓质激素和儿茶酚胺。这些化合物能加速体内糖原分解作用，产生大量葡萄糖而提供能量。

（2）抵抗阶段。全部非特异性全身适应反应，由长期暴露于损害刺激所引起，其特征是释放肾上腺皮质激素，使机体内储备糖原通过糖异生作用而形成葡萄糖。该过程将持续到由应激恢复正常或进入下一阶段。

（3）衰竭期，即死亡阶段。动物产生的抵抗力和适应性最终耗竭，导致死亡。表现为机体耗尽储备或肾上腺皮质衰竭，不能产生足够的肾上腺皮质激素以满足动物存活的需要。

二、正面应激

应激是动物对一切胁迫性刺激进行自身适应性反应的总称。从某种意义上说，对工作犬进行训练是犬由应激—缓解—再应激—再缓解的过程。经过这个过程，使工作犬对某些刺激形成条件反射进而加以利用。

（一）非条件刺激

非条件刺激也叫基础刺激，引起非条件反射的刺激，主要包括机械刺激、食物刺激、引诱刺激。

1．机械刺激

机械刺激带有一定的强制性，能引起犬的触觉和痛觉，犬对这种刺激，除抚拍外都会不同程度地表现出被动反应状态。机械刺激能迫使犬做出各种与刺激相适应的，而且符合训练要求的规范化动作，并具有强化条件刺激的作用，但这一刺激也会使犬产生相应的应激反应，如果处理不好会对犬造成一定的伤害。用机械刺激训练的犬的动作一般都比较呆板、固定、易于变形。然而，如果不伴以充分的奖励，犬的兴奋性易受影响，行为表现不自然。

2．食物刺激

食物刺激对犬具有重要的生物学意义，易于引起犬的食物反射，富有引诱性，能使犬处于主动趋向状态。食物刺激可在不产生应激反应的情况下引诱犬做出一定的动作，奖励犬的正确动作予以强化后，犬做出的动作比较兴奋、活泼、自然，且能增进犬对人的依恋和注意力，但是犬的动作往往不够规范。

3．引诱刺激

引诱刺激具有一定的诱发性，相应的声响、物品动作等诱发动因对条件刺激有增效作用，可大幅度缓解犬在训练中的应激反应，提高犬相应神经中枢的兴奋性，引起一定动作的发生。这有助于吸引犬的注意力，并能直接诱发犬的某一动作，表现得活泼、自然，但易受外部抑制因素影响，其巩固性也较差，而且容易形成抵消条件刺激作用的对无关因素的条件反射。

（二）条件刺激

条件刺激又叫信号刺激，凡用以建立条件反射的信号刺激均称为条件刺激，主要包括口令、手势等。

1．口令

口令是一种语言组成的具有指令性的声音刺激，通过犬的听觉引起相应的活动。在训练和使用工作犬的过程中，犬根据不同的口令及其音调的变化，顺利地做出相应的动作。口令能在一定距离内指挥犬的行为，口令与手势相辅相成，结合使用效果更佳。口令以不同的音调，引起犬的不同反应，且只有在结合相应非条件刺激，建立条件反射后才能有效。口令的音调可分为3种，即命令音调、威胁音调和奖励音调。

（1）命令音调。命令音调是用中等音量发出的，并带有严格要求的意味，用它来命令犬做出动作，犬产生的应激反应不大。

（2）威胁音调。威胁音调是用强而严厉的声音发出的，犬延误执行命令时，用来迫使犬做出动作和制止犬的不良行为，这时犬的应激反应较明显。

（3）奖励音调。奖励音调是用温和爱抚的语调发出的，用它来奖励犬所做出的正确动作，可缓解犬的应激反应。

2．手势

手势是以手和臂的一定姿势和动作组成的具有指令性的形象刺激，通过犬的视觉引起相应的活动。在训练和使用工作犬的过程中，犬根据不同的手势，顺利地做出相应的动作。手势能在一定的距离内指挥犬的行为，手势及口令相辅相成，两者结合使用效果更佳。手势是一种无声信号，有利于秘密指挥，但受视野范围和能见度的限制，在有视障或雾天等条件下，使用手势是无效的。在训练中，犬有时会通过察言观色产生反应。训导员正常而自然的态度表情须适应训练需要，如严肃的指挥、和蔼的奖励、活泼的动作等，但有些情绪的表现（如狂欢、暗示、生气、愤怒等）对训练是不利的。

三、负面应激

（一）造成负面应激的原因

1. 训练中的应激

（1）训练过程使用较多强制手段。

（2）过度训练。犬的过度训练是指机体运动性和应激性训练不当、长期承受过大负荷训练所造成的一种应激问题。工作犬由于经常参与训练，尤其是在作业能力提高阶段，训练量大，要求多，犬机体易出现应激疲劳现象。在正常情况下，这类疲劳经过 12～24 h 便会逐渐消失。但是强烈、持久的应激过程会使机体无法及时恢复。长期的过度应激将使工作犬的体能明显下降，使运动创伤增加，甚至造成难以挽回的后果，使工作犬过早地结束它的服役生涯。

2. 运输应激

运输途中造成的恐惧、疼痛等不适应的心理状态可能造成犬体抵抗能力下降，到新的环境易患或易感染各种疾病。运输途中的饥饿、缺水等生理因素可能导致犬体出现消瘦、免疫力下降等情况的出现，从而导致各种疾病的发生。运输途中装犬的方式可以导致在运输途中工作犬因机体不能维持身体平衡在隔笼内部受到挤压，而且工作犬所处的隔笼位置不同也会导致隔笼的极端温度情况及振动的情况不同。这些因素都可能会导致工作犬产生运输应激。运输途中产生的运动应激、热应激等运输应激使犬体长时间处于应激状态，易导致犬神经系统和内分泌系统功能紊乱，从而引起犬体营养物质大量消耗。特别是在持续的高温、高湿天气的夏季里调运犬，犬在长途运输过程中易受热应激的影响，当环境温度使犬体的中心温度大于生理值的上限时，即发生热应激，从而导致犬体死亡。

影响运输应激的因素包括路程长短、路况、运输车的大小和运输方式、运动期间的环境等。长途运输相较于短途运输对犬体能的考验更大，犬对长途运输的反应比较明显，且在长途运输中，幼犬及品种较纯的犬更易受应激因素的影响。犬在运输过程受到的应激反应大小与道路状况，以及司机的驾驶技术都有关系。相对来说，在路况完好的运输状态下，犬产生运输应激的反应较小。运输犬的车辆大小影响车厢的通风、舒适度。小车运输犬时，虽然会给犬带来压迫感，但也会带来一定的安全感。大车运输犬时，虽可提高犬的舒适度，但带来的安全感较弱。犬汗腺不发达，怕热不怕冷，若在运输过程中犬体持续处于高温环境中，会导致新陈代谢紊乱，胃肠蠕动机能减退，消化功能降低，生产性能下降。

3. 工作中的应激因素

在外作业时，搜救犬需要在各种不同的复杂条件下工作，如嘈杂的环境、恶劣的天气状况、长时间超负荷的工作，这些环境和生理的突然改变都会引起犬的应激反应。作业时可能接触的有毒有害物质，如搜毒犬和搜爆犬在平常训练和实际作业时可能会吸入毒品和爆炸物，这些都会对犬的神经系统造成不同程度的伤害。

搜救犬在执行任务时，无规律的作息和进食也会引起犬的应激，不同的工作环境也会带来不同的刺激。例如，在高原环境中工作，低氧、早晚寒冷可引起皮肤血管收缩，导致局部血液循环不良；机体自然的产热反应使心率加快、血压升高，加重心脏负担，使机体对高原缺氧的适应能力变差。环境的改变、气温的变化、空气湿度的改变、昼夜温差、纬度高低也可导致犬应激。

（二）负面应激造成的行为影响

1. 恐惧行为

在心理应激条件下，犬变得高度警觉，也变得快速兴奋和恐惧。对犬来说一些正常的反应，如一些训练和兽医检查，都会被理解为一种威胁。这将导致犬表现出恐惧行为，如畏缩、舔鼻子、抬爪子、避免眼神接触或躲藏。恐惧也能导致犬表现出被动防御的攻击行为。

2. 自我损伤和过度修饰

自我损伤的典型表现是抓挠皮肤或腹部毛发脱落，或者是前爪上部和后腿内侧皮肤的溃疡。当犬处于心理紧张状态时，会尽力去表现修饰行为以减轻焦虑的感觉。如果犬发现修饰行为是减轻心理应激的一个有效途径，就可能会过度修饰。例如，作为对昆虫叮咬或小疼痛的反应，犬会舔食身体某一部位，如果同时处于心理应激状态，那么这些小动作可能变得过度，导致毛发脱落造成皮肤损伤，进而频繁舔舐这些区域。

3. 规癖行为

规癖行为是重复出现但又没有明显目的的行为模式。举个典型的例子，犬舍中的犬会在犬舍内转圈，往犬舍的围墙上跳，从一面墙跳到另一面墙，或绕着犬舍转圈快走。这些行为在最初阶段可能是有目的的，跳起来使它们能够向外看，但是，由于犬舍的限制，经过长时间的积累这些行为就变得根深蒂固，比正常需要出现的频率高很多。研究表明，这些行为在工作犬犬舍中出现的频率比较高，在一些机构中，有 46% ～ 93% 的犬表现这些行为。研究证实规癖行为会导致犬的尾巴受损，增加脚的疼痛和腿瘸的发病率。

4. 身体颤抖

颤抖是动物身体调控体温的一种方法。在寒冷条件下，颤抖是使犬身体保持恒温的一种方法，在身体变冷时颤抖能够使身体增加产热。颤抖也可能出现在非常寒冷的情况下，它是犬高水平心理应激的一个信号，经常伴随着恐惧行为，如畏缩、躲藏、避免眼神接触。犬面对突然的响声或预知将会受到刺激时会出现身体颤抖，社会和空间束缚的犬比群居的时候会更多地出现身体颤抖，这或许与释放紧张情绪相关。

5. 气喘吁吁

在夏季或气温较高的时候，犬会增加呼吸次数，通过呼吸道的蒸发作用来增加散热，以达到调节体温的目的，这是犬正常表现"气喘吁吁"的原因。然而，如果犬在气温并不高甚至气温很低的情况下也表现出气喘吁吁，那么这是犬心理应激的一种行为表现。气喘吁吁可能是解决心理应激情况的一种选择，可能是快速激活自主神经系统的结果，目的是使机体恢复平衡。Camilla（2011）报道称，在评估犬敏捷性比赛心理应激的行为参数时发现，犬在观察的所有时间点均存在气喘吁吁和躁动不安等应激行为。

6. 打哈欠

无论对人还是对动物来说，打哈欠都是一种有固定特征的本能反应，涉及大脑和身体之间无意识的相互作用，非主观意志所能控制。打哈欠可以缓解紧张情绪，借助深吸气使血液中增加更多的氧气，增加脑细胞的供氧，对动物的抗应激能力具有良好的保护作用。许多研究均报道过犬在心理应激时由于心理紧张而打哈欠。Breeda（1998）研究发现，在社会和空间束缚下，犬由于社交环境中断经历心理应激而表现打哈欠增加；将犬暴露到爆炸声等厌恶刺激下时，也能观察到犬打哈欠等行为信号增加。Paukner（2006）报道称，工作犬的一些哈欠可能是由紧张引起的，因为焦虑而打哈欠，而不是真正的哈欠。Sean（2011）报道，心理应激可以诱导犬打哈欠，他在研究中发现警用犬遇到陌生人打哈欠比较多，19 只遇到陌生人的犬中有 5 只犬打哈欠。

7. 发声行为

犬过度吠叫、哀叫、"呜呜"叫、嗥叫等发声行为意味着犬寂寞、忧郁或沮丧，是与犬心理应激相关的比较明显的行为反应。发声行为是工作犬心理应激的主要行为指标之一。在电击逃避试验中，如果犬预料到电击逃避试验的信号，它们会表现出强烈的烦躁不安、情绪激动、"呜呜"叫和过度吠叫等行为。过度的发声行为与分离和恐惧相关，是犬与主人分离后对心理应激的一种应对机制。噪音刺激对犬应激的研究结果显示，噪音刺激除显著增加恐惧行为，还会导致犬"呜呜"叫等行为。

8. 食粪癖及体重降低

食粪癖也是常见的心理应激的行为表现之一。Gaines（2005）对8个犬场的120只工作犬进行研究，发现超过18%的犬都吃它们自己的粪便，在其他工作犬中出现此行为的数量可能更多。食粪症是营养失衡的表现，但也可能是由在排便训练时受到粗暴对待产生心理应激而引起的，犬由于害怕受到惩罚而尽力将粪便隐藏起来。高水平的心理应激会提高犬的代谢率，导致只有少量能量得以储存，更多地被用作即时的能量。一旦新近消化的食物中的能量被用完，犬的身体将开始代谢储存的脂肪，最终将分解肌肉来释放能量。因此，当犬在一段时间内处于较高水平的心理应激时，就会出现犬的体重降低。

9. 对犬舍环境的破坏

犬的破坏行为在犬舍中比较常见，其结果是工作犬咀嚼门框架或犬舍突起的边缘。类似地，犬会损坏部分犬床或运输犬笼。咀嚼犬舍内物品或许由以下因素引起：犬很难适应犬舍内的禁锢环境而试图逃脱，犬与它们的社会成员分离后变得焦虑沮丧，通过咀嚼试着与它们接近；此外，犬可能发现咀嚼对它们是有益的，因此它们有很强的动机去咀嚼物体以保持它们的牙齿和牙龈处于良好的状态，在缺少合适物品的情况下，它们就咀嚼犬舍内物品来代替。与规癖行为相似，这种行为可以让犬感觉到平静放松。

（三）减少负面应激的措施

1. 训练中的饲养管理

提供优质高能的饲料。饲料原料应当尽量采用优质的碳水化合物、动物蛋白和动物脂肪。尽量避免豆类等在其他动物饲料中常加的原料，因为这些原料易使犬的消化道产生气体，刺激肠胃，导致犬腹泻和胃肠扭转。市场上销售的成品颗粒饲料中，饲料包装袋提供的饲喂量是根据宠物犬的需求量来定的，只能作为参考，搜救犬的实际饲喂量常常超出参考量的50%～100%。若搜救犬因故长时间无法正常训练或作业，则应相应减少饲喂量，以免导致犬过于肥胖。

训练或工作前，为保证犬的兴奋性，防止犬在工作时间内排便，一般只饲喂少量食物。为保证搜救犬训练和工作时的兴奋性，犬不能有饱胀感。如果犬吃得过饱，工作时积极性就会下降，出现偷懒的情况。为保证搜救犬的体能，在训练或工作中，可以准备适量的牛肉、火腿肠等，作为奖食饲喂给犬。训练或作业完毕，应当充分休息后再给犬喂食，餐量要占到全天需要量的2/3。

要随时保证清洁饮用水的供应。搜救犬在训练和工作中水分消耗比较大。水分供应不足会加剧犬的应激反应，降低犬的兴奋性，缩短搜救犬的工作时间。因此，在搜救犬运输和工作中，应当适当减少犬的饲喂量，并保证充足的清洁水供应。

2．运用合理的训练手段

尽量采用诱导的方法进行训练，避免犬产生应激反应。如果在训练过程中使用了过量的刺激，训练结束后一定要对犬进行充分的奖励并和它玩耍，以消除犬的应激反应。训导员和搜救犬在游戏中轻松愉快地完成训练目的，而不是在充满身心负担的状况下完成。培训环境应该尽可能考虑动物福利，应让犬没有恐惧，当应激和痛苦减轻的时候学习任务可以得到提高。一般来说，轻松快乐的犬是一个好的工作者，差的培训环境会导致犬身体异常，进而影响工作性能。

3．增加社会交流和互动

在满足物质条件和生活条件的基础上，也不能忽视犬的心理需求。犬与人类有着几乎相同的觅食模式和社会制度，犬也反映人类社会的发展。犬对于复杂的社会认知可以与人类相媲美。犬和人类这种紧密的合作关系已经影响了人类和犬彼此沟通的方式，以及犬可能发展的行为问题的类型。在日常的生活中，一定要增加搜救犬与其他犬和人员的交流互动，满足心理需求和社会存在感，更好地投入工作中。

4．减少运输中的应激

（1）提高犬对运输应激的适应能力。对犬施加一定强度的刺激，必然引发犬的应激状态。因此，从其种意义上来讲，犬的训练过程也是一个由应激至习惯的循环过程，通过这个过程的训练培养，给犬创造与运输过程相似的环境，使犬逐渐承受应激反应带给犬体的刺激。日常应对犬进行抗应激能力的培养。

（2）择犬运输，合理配置运输。减少犬的运输应激应以预防为主，降低各种应激源刺激，减少应激反应对犬的危害。装车时，要用诱导法让犬上车，确保犬的心理适应。在炎热的夏季尽量在早晚进行。到达目的地后，给予犬生活的环境条件尽可能接近犬原来生活的环境条件。运输严禁过度挤压，特别是在炎热的夏季，要确保有良好的通风条件。

（3）加强管理，改善运输环境。

A. 做好运输前准备。注意观察，病犬不能上车。长途运输前要让犬保持空腹状态，防止运输途中产生应激反应，造成犬呕吐、窒息等状况，威胁犬体安全。如有必要，运输前肌内注射多联免疫血清或免疫球蛋白。联系具有运犬经验的司机进行运输。在运输前进行车辆消毒，先把车辆洗干净，喷洒消毒剂。采用专用犬笼，提供干净的饮用水，为犬提供一个良好的运输环境。

B. 在运输途中随时注意犬的状态。犬类汗腺不发达，对热耐受性差，运输中，当犬长期处于高温环境时，犬容易出现中暑的症状。运输过程一定要有人跟车，在颠簸或者转弯的路，要下车查看，以确保犬的状态。

C. 到达目的地后，不要立即给犬喂水，应观察犬只健康状态后，3 ～ 5 h后给犬喂水，若在冬天应喂温水。逐步过渡，缓解运输应激。工作犬经过运输，犬体或多或少会产生不适，在运输结束抵达目的地之后，要给予犬安静的环境，让其充分休息，以缓解犬的应激反应，暂时不喂食。

（4）控制车速，做好过境检疫。运输途中有节制性地控制车速，途中停车休息时间不能过长，建议不超过 1 h。中途休息停车可做适当的放散运动，促进犬的新陈代谢。过境路过动物检查站时要接受过境检查站的检查，经检查同意放行后再前往目的地，在到达目的地之前，司机要主动向当地动物卫生监督机构申报落地检疫，经检疫合格之后方可进入，并按要求采取隔离措施。

第四节　搜救犬的问题行为

犬可能会表现出一系列主人认为有问题的行为。其中很多都是犬天生的行为储备的一部分，常常是因为犬没有被教导过主人想让它做什么，或者因为没有满足犬对陪伴和锻炼的基本需求，如"调皮捣蛋""拆家"，以及吵闹、具有攻击性等。与宠物犬相比，另外一些行为问题在搜救犬中可能会更常见，如焦虑、恐惧和强迫性行为，其实在很多情况下这些行为是对当时的情景的正常反应，我们需要明白这一点。但是当这些行为有加剧或者变糟的迹象，就不能再继续忽视它们，需要进行管理和纠正，否则，会严重损害搜救犬的生活福利，而且对训导员的训导效率和人身安全都是不利的。

找到犬问题行为的原因通常很困难，需要兽医的参与，以确认是否存在病理性因素，还需兽医行为学家或临床动物行为学家的介入，以确定是否存在非病理性影响。解决这些行为的方法将在本节和下节中讨论。

一、导致问题行为的原因

（一）生理及病理原因

犬的所有行为和决定都有生理基础。因此，在确定不良行为的潜在原因时，总是需要考虑可能的生理影响因素。生理学对行为的影响除了体现在感官（本章第一节）上，也有人工选育的影响（根据人类不同的需求定向培育特定品种）及饮食的影响。营养为能量、生长和正常生理功能提供基石，所有这些都能影响行为。因此，饮食成分是否能满足犬的需求决定了其生理功能能否正常运作。

首先是蛋白质。许多研究表明，高蛋白质饮食跟犬更高的攻击性有关，其中一个主要的原因是犬体内儿茶酚胺和血清素含量的比例。儿茶酚胺，如肾上腺素和多巴胺，会增加兴奋性，更易激发应激反应。儿茶酚胺由酪氨酸合成，所以大脑中酪氨酸的含量越高，犬的反应就越活跃。血清素是由色氨酸合成的，可以减少焦虑、改善情绪、调节睡眠和增加社交能力，而血清素水平低与攻击性、焦虑和过度兴奋性增加有关，所以大脑中较高水平的色氨酸可能会使犬更冷静，更善于交际。酪氨酸和色氨酸使用相同的运输机制进入大脑。它们都存在于常见的蛋白质来源中，但酪氨酸通常含量较高。因此，高蛋白饮食可能导致酪氨酸比色氨酸含量更高，并进入中枢神经系统，从而增加中枢神经系统儿茶酚胺的水平，减少血清素的水平。另外，高碳水化合物的饮食会刺激胰岛素的分泌，导致肌肉吸收更多的酪氨酸，这改变了血液循环中色氨酸和酪氨酸的比例，有利于色氨酸进入大脑。

从行为上看，吃高纤维食物的犬表现出更少的觅食、活动、发声和焦虑/强迫行为。人们推测是由高纤维食物带来的饱腹感所致。纤维在维持健康的肠道微生物群方面也起着重要作用，这可以影响身体健康和行为。不稳定或不频繁的进食模式和升糖指数高的饮食会导致血糖水平波动较大，容易导致犬易怒或兴奋，或者在低血糖的情况下，犬会增加对资源和食物竞争的重视。犬的年龄和性别也会成为诱发行为问题的因素，如成年未绝育的公犬因雄激素水平较高而更加好斗和具有攻击性，发情期的未绝育母犬情绪不稳定而变得烦躁易怒，或者处于学习敏感时期的幼犬的玩耍行为容易误伤主人等。病理性原因是问题行为产生的主要原因之一。任何损害健康的因素，如疾病、受伤、不恰当的饮食或药物，都可能直接影响动物表现正常行为的能力。疾病也会影响情绪状态，如果犬处于病痛中，就会变得烦躁和更易敏感和脆弱。当犬表现出不正常的行为时，应首先考虑是否存在病理性问题，这需要经过兽医检查诊断才能得知，排除所有疾病因素后再考虑其他可能的原因。常见的病理因素导致的行为问题有很多，如接近或触摸时突然发起攻击，很有可能是因为疼痛，疼痛也是最容易导致异常行为的病理性原因；混乱的行为则需要考虑脑部肿瘤；一些强迫性行为，如反复啃咬某个部位、打转、追着尾巴咬，也可能是由于皮肤瘙痒、软组织或骨骼疼痛、肝性脑病等问题；某些内分泌疾病，如甲状腺功能减退，会使犬变得嗜睡和易怒。

（二）经验与学习

犬的每一次经历都会影响它未来的行为选择。有证据表明胎儿甚至在它出生前就已经从母亲的经历中进行学习了。幼犬会经历一段高度敏感时期，学习关于生活的基本知识，如它们是什么物种、如何评估某物是否构成威胁、基本的行为模式（如喂食和交配），以及如何与社会群体沟通和避免冲突。

这些敏感的发展阶段结束后，学习并不会停止。犬终生都在学习，如通过观察他人，从他人的行为结果中学习，将环境中的事物与自己的情绪状态联系起来，或者简单地重复某些动作，直到它们成为肌肉记忆。因此，在确定不良行为的原因时，也需要考虑行为学习这一潜在原因。

（三）环境因素

犬所处环境中的几乎任何东西都有可能影响它的行为。有些触发因素比较明显，比如打雷。然而，有一些环境因素不那么容易被察觉，它们可能是人类感官不能感受到的。例如，犬可能会对有某种气味的人产生恐惧，或者对超过人耳能够听到的高频声音做出反应。犬的行为选择通常会受到可供选择的选项的影响。例如，一只极度恐惧的犬在被逼入绝境时会比有路可逃时更容易激发攻击性行为；或者犬因为受到限制而无法应对一些压力或负面情绪，那么以后再次遇到类似情况时应激行为会变得更加剧烈。犬的群居性使它们习惯于同步的生活作息，并合作生存，相互照顾，所以处于敏感期的犬与人生活在一起，就会更加容易受到周围人行为的影响。犬对别人的情绪状态也有很强的感知能力，尤其是其他犬和人的情绪状态。

二、攻击性

攻击性是犬被定义为"问题犬"的主要原因之一，也是犬被遗弃或者被实施安乐死的最常见原因。有攻击性的犬对周围动物和人非常危险。

（一）犬攻击行为的分类

犬的攻击行为主要分为2种。为了防御或争夺资源的犬会更容易表现出攻击性，这种通常称为情绪性攻击，也就是犬主观情绪主导的攻击行为。猎食行为也常常被看作一种攻击行为，然而，情绪性攻击和猎食行为有非常不同的动机、生理和行为模式，因此需要对此加以甄别。狩猎行为是指为了吃掉另一种动物而杀死它的行为，该行为主要由外侧下丘脑的活动控制。狩猎行为还会引发即时的生理应激反应，在捕食情境中这种应激通常是良性压力，能让它们产生征服与胜利的快感，触发的是神经奖励机制。犬猎食的对象主要是小型动物，一些在敏感期没有得到良好社交练习的犬也会在游戏过程中对体型较小的犬表现出猎食本能，但大多数情况下犬对犬的攻击性属于情绪性攻击。情绪性攻击主要是为了解决冲突，该行为由下丘脑内侧和杏仁核调节，它们控制焦虑、恐慌、恐惧的感觉并影响行为模式和情绪学习。和狩猎一样，情绪性攻击也会引发即时应激反应。但是情绪性攻击情景下产生的常常是负面压力，如果说猎食行为与愉悦的情绪相关，那么情绪性攻击与痛苦的情绪相关。"攻击性"一词通常用于描述冲突中出现的各种行为，包括咆哮、吼叫和撕咬，以及造成实际伤害的行为。在动物行为学领域，这些攻击性行为与安抚行为和威胁行为一起统称为对抗性行为。安抚和威胁实际上都是犬交流的形式，目的是化解冲突，避免伤害任何一方。因此，在解释和回应这类行为时，牢记背后的意图是很重要的。

（二）犬情绪性攻击的诱因

犬达到使用威胁信号或攻击行为的临界点称为攻击阈值（aggression threshold），有许多因素都可以影响攻击阈值的范围，下面列举2个最主要的方面。

其一是触发点叠加。犬同时应对多个情绪性攻击触发点，如同时面对多个会让它产生负面情绪的事件或同时激发了多种负面情绪，可能就会被推向攻击阈值的临界点。这一系列的触发因素同时出现就称为触发点叠加。

其二是信号升级。在冲突中犬会尽量避免伤害性攻击行为，通常会从低级的安抚信号开始，如果对方也释放了安抚信号，那么局面会慢慢缓解，如果对方没有这样做，犬的安抚信号会逐步升级最终变成威胁信号或攻击行为。对于无法正确处理冲突的犬，它更可能跳过前面的步骤选择高级的威胁信号，或者在没有任何预兆的情况下直接发动攻击。造成这样的问题可能是因为犬曾经有过表达安抚或低级威胁信号时被惩罚的经历，为了之后避免在这种情况下承受惩罚带来的痛苦，所以"学会了"直接发动攻击。

预防和应对与情绪性攻击相关的行为最有效的途径是正确识别犬的安抚和威胁信号，防止事态升级，以及管理好触发因素，如通过脱敏和条件反射对抗逐渐降低犬对触发因素的敏感度。对于搜救犬来说，攻击性行为通常会被控制得很好，但它们仍然会在处于一些极端情绪或疾病状态的情况下表现出攻击性，因此更应该关注那些突然表现攻击性的搜救犬，及时找到和处理诱发攻击性的原因。

三、恐惧和焦虑

（一）恐惧

恐惧会促使犬远离可能有害的事物，这是它们想要停止这种负面情绪的本能冲动。犬对于认为有潜在威胁的东西会感到恐惧，有些也会对不熟悉的事物产生短暂的恐惧反应，它们可以在反复接触中知道哪些陌生的事物不会对自己造成威胁，逐渐习惯。但也有些犬即使在知道没有威胁的情况下也永远不能适应一些事物，反而会在反复长期的痛苦中发展为习得性恐惧，这会导致犬在这些事物和恐惧情绪之间产生经典条件反射性联想，这种联想一旦形成，恐惧就可能扩散到与原始触发因素相关的任何事物上。比如，犬在某个公园产生的不愉快经历会让它害怕其他的公园，也可能把这个公园里的球场跟公园联系起来，对所有的球场甚至踢球的声音感到恐惧。恐惧发展到一定的程度即为恐惧症，两者之间的界限并不明确，可以理解为恐惧症是一种更加强烈且更不理智的恐惧反应。

搜救犬执行任务的场所往往是一些充满负面色彩和危险因素的场所，如自然灾害现场、恐怖活动后的废墟，或者在极端气候下的场所，不稳定的环境因素让搜救犬随时面临危险，包括坠落、压伤、刺伤、溺水、雪崩等，甚至可能接触到一些有毒物质，引发一系列中毒反应。这种情况下，搜救犬除了会有生命危险，疼痛、惊吓等也可能导致搜救犬的恐惧心理，容易对之后的搜救场地产生抵触和逃避情绪。此外，研究表明，搜救现场的受困人员会散发大量具有恐惧情绪的气味分子，加之可能存在的尸体气味，各种嘈杂的声音，包括哭喊、求救、呻吟等，这些对于嗅觉和听力灵敏的搜救犬来说都是难以忽视的干扰因素，容易影响搜救犬的生理状态和引发较大的情绪波动，它们可能会产生恐惧、焦虑等情绪，以及一系列应激反应，可能会严重影响搜救任务的正常进行。对执行搜救任务后的搜救犬来说，这些影响很可能会持续相当长一段时间，如果没有及时发现并进行干预，将不利于保持搜救犬的身心健康和工作能力。管理恐惧的主要急救策略是减少压力，防止继续暴露在恐惧源中，如果不能做到，也应该确保犬能够退缩和躲避。信息素疗法和药物等可以作为辅助工具，减轻犬的恐惧情绪。主人的安抚和帮助也会起到很大的缓解恐惧作用，然而有一部分人主张无视犬的恐惧表现，声称这会"奖励"犬的恐惧行为。事实上，无视确实是纠正犬某些行为问题的好办法，但恐惧是一种不可控制的情绪，没办法通过任何性质的奖励或惩罚来减少恐惧情绪。值得庆幸的是，我们可以通过一些手段逐渐减弱犬对某些事物的恐惧程度来减少引发它们恐惧的概率，这种方法将在本章第五节介绍。

（二）焦虑

焦虑是对预期或想象中的危险或不确定性的反应，也是帮助动物生存的进化反应。焦虑是一种过度的恐惧心理，长期焦虑对犬的身体和情绪健康都是有害的，反复经历这些负面事件会导致犬对其不可预测性感到焦虑，容易发展成慢性焦虑。

犬焦虑的症状包括生理性的（如呼吸和心率加快、血管舒缩改变、颤抖、流涎或出汗增多、胃肠紊乱等）和行为性的。行为性的包括活动的变化（如静止不动、踱步、绕圈、不安等）、对某些人或犬依赖程度的明显改变或食欲减退，甚至发展成厌食症，有的犬类焦虑时则倾向于表现攻击性行为。对于搜救犬来说，它们跟人类相似，反复经历各种灾难性场面，容易患上创伤后应激障碍综合征，这也是犬类焦虑的一种形式。症状会有很大差异，主要包括对环境的反应增加或减少，与训导员关系的变化，无法执行与工作相关的任务，逃避行为，抑郁，以及恐惧、压力和焦虑等一般症状。

（三）分离焦虑相关问题

人们常常认为犬在独处时做出的一些问题行为是分离焦虑的表现，如在房间里大小便、吠叫、破坏家具。事实上，有相当一部分犬独自在家"闯祸"是因为觉得无聊、缺乏正确的引导，或者害怕某些东西做出的应激反应，如雷声、陌生人的脚步等。真正导致犬产生分离焦虑的原因有很多，比如，社会化不完全，不能习惯暂时离开依赖的主人；曾经被遗弃，因此害怕再次发生这种事情；或者犬缺乏应对压力的能力，因此对分离压力反应过度；等等。了解犬生活环境和成长历程有助于找到出现这种独处时不良行为原因。

四、强迫症和其他应对行为

（一）强迫症（compulsions）

强迫症是指没有直接功能或目的而反复发生的行为。犬表现出的最常见的强迫行为是运动行为，如踱步、追尾巴和追影子等，以及嘴部动作（如非病理性原因的情况下反复吮吸或舔舐某个部位）。其他强迫行为包括幻觉，比如没有互动性质的重复发声，或者在饮食方面的强迫行为模式。在确定为强迫行为之前需要首先考虑疾病因素，如瘙痒、疼痛或感觉异常等。

强迫行为在一定程度上是适应性的，通常是为了应对压力，通过刺激大脑释放内啡肽来缓解焦虑情绪。虽然不能把这种行为看作完全病态的，但也是一种功能失调，当犬出现强迫行为倾向时，应该尽快找到原因。

（二）情感转移行为（displacement activities）

这是一种犬无法达成期望结果时为了缓解低落情绪时采取的行为模式。例如，如果犬没能如愿得到主人的关注，他可能会在门口来回踱步或者啃咬家具。情感转移行为不同于强迫行为，因为犬不会一直重复这种行为。

（三）目标转移行为（redirected behaviour）

目标转移行为是指将某种行为的原始目标重定向到次要目标的行为。比如，一只犬想要威胁一个"入侵者"，但又无法接近它，于是就把这种行为转移到另一个目标身上，如主人或另一只犬。

第五节　搜救犬的行为管理

解决犬的问题行为需要一个结构化的逐步方法。首先要找到导致犬问题行为的潜在原因，包括各种病理性因素，并管理好这些压力源。下一步是确保犬的核心需求得到满足。对于问题行为的触发因素，可以选择消除它们，或者通过训练计划改变犬对触发因素的情绪或行为反应。这些步骤都可以配合一系列辅助疗法。需要评估犬对治疗计划的反应，并不断审查和修改计划，以确保它能达到最终的目标，同时注意保护犬和训导员的安全与福利。

行为管理训练没有一种普适的方案，一个完美的方案需要兼顾问题行为的性质、主人和犬的需求、能力和短板。除此之外，临床动物行为学家的帮助会大大提高训练的效果。

一、行为纠正的主要方法

（一）风险评估

任何行为矫正和管理计划的第一步都是评估风险，并制定临时策略来应对任何已知风险，这样的评估需要持续到训练计划生效。任何时候疾病或损伤性因素都是首先要考虑的方向，在排除或解决病理性问题后才可以开始矫正真正的行为问题。第二步是控制好造成行为问题的应激源，这是行为矫正计划的重要一步，持续存在的应激源不利于行为矫正计划的顺利进行。常见的应激源是任何能够让犬感到恐惧的事物，我们可以尝试控制这些事物，或者为犬提供一个具有安全感的"避难所"。

（二）确保身体和情感需求得到满足

当犬的基本需求没有得到满足时，就会通过问题行为尝试得到一些"补偿"。因此，在某些情况下，满足犬的需求可能就足以解决问题。即使没有，也要确保犬的生活福利，这也能防止需求不满足带来的负面影响破坏行为矫正计划。

适当的运动或自由活动可以帮助犬保持健康，消耗多余的精力和能量，还可以改善记忆和情绪。犬作为社交型动物，增加与它的良性互动机会，在满足运动量的同时能够通过精神刺激促进愉悦的情绪。对于搜救犬来说，嗅探和追踪是它们最喜欢的活动，训导员鼓励犬进行具有趣味的嗅探训练，有利于增加犬对搜救活动的兴趣和信心。爱抚、玩耍等互动能够提高犬的兴奋性，与其他犬有益地玩耍和社交能够培养犬处理多方关系的能力，也能很好地适应人多热闹的环境。在充满复杂感官刺激的环境里保持冷静或兴奋性，对需要在混乱情景中专心工作的搜救犬来说非常重要，能让它们更不容易受到惊吓或被周围人的情绪干扰。搜救犬的工作特性要求它们能够在一定程度上独立完成搜救任务，常常需要独自行动以便更快扩大范围搜索地面，因此搜救犬可能不会像宠物犬那样对主人有非常高的依赖性。但这并不代表它们不需要主人陪伴，有相关研究表明，在训练结束后被带回训导员住处共同生活加强了搜救犬与训导员的亲密关系，这些犬比那些被留在犬舍的犬具有更高的服从性、更少的攻击性。从动物福利角度来看，本身有焦虑倾向的犬长时间独处，容易感到无聊和沮丧，诱发焦虑情绪，刻板行为发生的概率也会增加。均衡的饮食和充足的睡眠能够保证搜救犬健康的体魄和精神状态，关于饮食成分对犬情绪和行为的影响已在前文有详细的讲解。对于工作犬来说，不论是平时训练还是进行任务，巨大的运动量带来的体力消耗需要及时补充，机体的损耗也需要时间修复。保证休息时间的同时，给犬进行一些按摩能显著提高恢复速度，这也是与犬互动，增进亲密关系的好机会。

（三）管理触发因素，控制行为学习

行为的发生是对环境中发生的事情做出的反应。因此，许多问题行为都可以通过简单的管理或消除触发因素来解决，如把爱吠叫的犬放在更加隐蔽的犬舍。如果一个触发因素不能被永久控制或移除，可以通过脱敏（desensitization）和条件反射对抗（counterconditioning）来改变犬对它的敏感性。脱敏是指中和犬对某事的情绪反应的过程，条件反射对抗是指犬将当前的情绪反应转变为更积极的情绪反应的过程。情绪状态的改变会导致行为的改变。训练代替行为也是一种纠正问题行为的方法。通常是通过训练一种与犬倾向行为相反的行为来达到目的。如何做到这一点在本节中有更详细的讨论。

犬总是做出一些不受欢迎的行为可能是因为这些行为会带来隐藏的"内在奖励"。比如，犬会跳起来和人打招呼，如果这样做能引起注意（内在奖励），即使这不是主人喜欢的行为并且试图纠正它，但只要它能引起主人的注意（不管主人是不是在责骂它），这种行为冲动就会被不断强化。不过，这不意味着忽视就能解决问题，一种不良行为的内在奖励消失后，犬可能会"变本加厉"地达到目的，比如叫得更大声，或出现破坏行为。因此，管理触发因素的最后一步，是在消除内在奖励的同时教会犬使用正确的行为方式来达成自己的目的。

（四）随时评估

行为矫正计划是根据犬和主人的个人需求量身定制的。在计划进展过程中，对于犬对训练的反应程度、训练效果及主人的表现等都需要随时进行评估，并调整计划方案。另外，当所有积极的矫正方法都不起作用的时候，

"负奖励/正惩罚"可以作为最后的手段，这是一种无奈之举。但许多实践经验证明这种方法并没有比上述方法更有效，我们仍然希望永远不要把暴力惩罚放在"迫不得已"的备选项里。相比之下，实施安乐死是一个更兼顾动物福利的最后选择。

二、行为矫正的辅助方法

以下方法都可以辅助对问题行为的纠正或管理。不过想要通过单独使用这些方法就能解决问题是不现实的，这些方法只是一种锦上添花的辅助手段。

（一）饮食

营养为犬生长和正常生理功能提供能量，并能间接影响行为，我们已经在前文做了详细介绍。因此，在某些情况下，改变饮食有助于支持行为改变计划。饮食的改变应在 5～7 天内逐渐进行，在大多数情况下需要维持 4 周（添加剂为 1 周），然后才能评估变化可能产生的任何影响。建议主人保留喂养和行为日记，以做参考。

（二）信息素

信息素是嗅觉系统产生的特殊化学物质，它们被其他同类接收到后，可触发一种不依赖后天学习的先天行为反应。信息素由位于上门齿后硬腭内的器官——犁鼻器（vomeronasal organ，VNO）检测。VNO 可以被气味分子激活，如尿液中的气味分子，或者是其他动物释放的信息素。VNO 激活后会触发某种行为反应以便增加气味分子或信息素的摄取。信息素进入 VNO 后就会被运送到 VNO 内的受体中，神经信号从此处传递到大脑的边缘系统，这些信号会使情绪状态和行为发生改变。有一种安抚性信息素由哺乳期母犬分泌，存在于成年犬的耳朵中，有研究称这种信息素可作为安全信号，它可以减少一些情况下的恐惧或应激表现，有助于安抚幼犬和成熟犬，也可用于支持行为矫正计划。因此，尽管现阶段对这类信息素的应用研究还不完善，也可以选择性地将它作为矫正计划中的一种试验项目。

需要注意的是，这类产品可能导致犬的认知和情绪混乱，如使用了让犬感到安全和放松的信息素产品，然后对犬进行一些不友好的操作，这会让犬分不清此处是否是安全的，从而引发其他的行为问题。

（三）非处方药

市面上有很多非处方药，其厂商声称可以控制不良行为，最常见的是抗恐惧或焦虑的药物。大多数都含有以下一种或多种成分。

（1）γ-氨基丁酸（Gamma-aminobutyric acid，GABA）。内源性γ-氨基丁酸是一种抑制性神经递质，与减少恐惧和焦虑有关。然而，目前还没有证据表明外源性GABA能改善犬的行为，关于它是否能穿过血脑屏障仍存在争议。

（2）L-色氨酸。L-色氨酸是血清素的前体。提高进入大脑的色氨酸水平可以增加中枢神经系统（中枢神经系统）产生的血清素，从而改善情绪。血清素也在中枢神经系统外合成，并在心脏和肠道功能中发挥积极作用，单纯地增加L-色氨酸摄入量并不一定会提高中枢神经系统的血清素水平。迄今为止的研究表明，仅口服色氨酸对行为改变几乎没有作用。

（3）茶氨酸。茶氨酸是绿茶中的一种氨基酸。它可以与兴奋性神经递质谷氨酸结合，从而阻断其作用。研究表明，无论是通过还是不通过行为矫正，它都可以减少与焦虑相关的行为，如喘气、踱步、流口水，以及在雷雨天气向主人寻求关注或安慰。

（4）鱼蛋白。补充鱼蛋白中的 ω-3 与增加和人类情绪调节相关的中心灰质有关，可减少人类、非人类灵长类动物和大鼠的焦虑。在犬身上也发现了类似的结果。在一项研究中，与饮食不添加鱼油的犬相比，饮食中添加鱼油的犬表现出更少的焦虑行为，心脏和唾液皮质醇含量更低。

（5）益生菌。众所周知，肠道菌群会影响免疫系统和内分泌功能，这两者都会影响压力和情绪。研究发现，小鼠特定肠道微生物群的存在或缺失可直接影响小鼠的焦虑状态；犬肠道微生物组成与记忆功能有关，给 24 只金毛猎犬补充肠道细菌长双歧杆菌，其唾液中的皮质醇减少83%，焦虑行为减少90%。越来越多的证据表明肠道微生物群和情绪之间存在联系。

（四）处方药

在更严重的情况下可能需要一些处方药来帮助改善行为，但是药物通常无法消除这种行为的根本原因，在动物临床行为学家对犬的问题进行评估之前，应避免使用这些药物。

（1）三环类抗抑郁药（tricyclic antidepressive agents，TcAs）。三环类抗抑郁药可以抑制突触间隙处血清素和去甲肾上腺素的再摄取，增加神经末梢的血清素和去甲肾上腺素受体的数量，从而优化情绪，减少焦虑。然而，

TcAs 也作用于多种其他神经递质，可能有多种副作用。TcAs 还被证明能显著减少强迫行为。在强迫行为很强烈、长时间持续或犬无法自制地停止这些行为的情况下，TcAs 是首选药物。在这种情况下，通常建议尽早使用，以避免强迫行为变成习惯性行为。

（2）选择性 5 - 羟色胺重吸收抑制剂（selective serotonin reuptake inhibitors，SSRIs）。选择性 5 - 羟色胺重吸收抑制剂抑制神经元对血清素的再摄取，只增加血清素受体的数量。由于其特异性，它们在提高活性血清素水平方面的效果是 TcAs 的 3 倍。它们的副作用也更小，但目前还没有针对犬的 SSRIs 药物上市。可使用的有氟西汀，或者人药仿制药百忧解，可通过兽医处方获得。由于有效神经传递的减少，任何减轻焦虑的药物都有增加犬信心的可能，因此犬会更容易表现攻击倾向。这类药也有产生依赖性风险，因此需要逐步戒除。所有增加血清素作用的产品都有患 5 - 羟色胺综合征的风险。

（3）单胺氧化酶（monoamine oxidase，MAO）抑制剂。单胺氧化酶 A（MAO-A）控制犬体内血清素、肾上腺素和去甲肾上腺素的循环，单胺氧化酶 B（MAO-B）控制组胺和多巴胺的循环，两者都作用于苯乙胺的循环，苯乙胺在去甲肾上腺素和多巴胺的代谢中起作用。司来吉兰是选择性的 MAO-B 抑制剂，可增加突触间隙中可用的多巴胺水平。因此，它增强了奖励机制的化学反应、注意力、学习动力和好奇心，还能减少恐惧反应。司来吉兰常用于治疗源于情绪的行为问题，如多动症、分离焦虑、社交恐惧和恐惧症。它对与抑制相关的行为最有效，如由于恐惧或焦虑而产生的躲避或冻结反应。它也适用于声音敏感性的病例，以及多巴胺和其他神经保护机制的增加而导致的认知障碍引起的问题行为。行为方面的副作用包括攻击性行为的抑制被解除而导致潜在攻击性增加，接近的意愿增强，或由于竞争关系的变化而信心增加。MAO-B 抑制剂不适用于强迫症，因为可能会强化某些行为奖励机制。

（4）苯二氮䓬类药物。苯二氮䓬类药物可增强 γ - 氨基丁酸（GABA）的作用，它是边缘系统中主要的抑制性神经递质，会导致兴奋和焦虑性行为减少。苯二氮䓬类药物也可能引发社交互动的增加，但会在用药后导致一定程度的失忆现象。苯二氮䓬类药物对短期的焦虑管理很有用。据报道，阿普唑仑对 91% 的噪音恐怖症有效，并可用于 TcAs/SSRIs 生效期间的过渡管理。然而，它们对学习的影响意味着它们不适合在训练或脱敏和对抗期间使用。它们还可能导致行为抑制解除，在某些情况下可能会增加攻击的风险，并可能偶尔导致矛盾的过度兴奋。它们潜在的耐受性、成瘾和反弹效应（一旦停止治疗，症状就会复发和加剧）意味着它们不适合长期使用，需要逐步停用。

（五）环境管理

关于环境管理的几个常见要素大部分已经在本章第四节中阐述，包括光照、安抚信息素、噪音、躲藏空间和熟悉的物品等。信息素相关产品有项圈型、喷雾型或扩散器等，可以根据实际使用情景自由选择。关于不同风格的音乐对犬的情绪影响已经有不少研究，有趣的是，这些实验研究没有得到一致的结果，似乎犬都有自己的独特喜好，研究员们推测这可能是因为犬受到主人品位的影响而表现出对某种风格的音乐更明显的喜好。白噪音在人类中普遍作为治疗焦虑症和狂躁症的辅助手段，但在犬类身上没有有力的证据证明白噪音可以让犬平静下来。柔软舒适的家具能够让犬休息得更好，尤其是对老年犬和患有骨关节疾病的犬，常用的物品和玩具上熟悉的气味也能安抚犬的应激情绪，主人的抚摸和安慰也同样起到积极的作用。

（六）替代疗法

这里讨论的替代疗法的有效性仍然存在争议，仅在此简单做一些介绍。

（1）芳香疗法。芳香疗法是用植物提取物来治疗一系列疾病。已经证明使用薰衣草油对犬有积极的影响，尽管尚不清楚这是由于芳香疗法还是气味导致的注意力分散。气味会触发大脑边缘系统，将情感和记忆联系起来。因此，任何用来控制犬行为的气味都必须在气味和积极情绪之间已经有了经典的条件反射时才能有效。还必须记住，强烈的气味可能会影响正常的信息素或其他嗅觉信号。

（2）压力背心。压力背心的原理是通过深层压力使犬平静。人们普遍认为，与他人接触时产生的深层压力，如与另一个人或动物拥抱或躺在一起时，会释放内啡肽而引发快感。通过压力背心模拟"拥抱"的感觉，可能也能起到类似的生理效应。目前关于压力背心的研究比较有限，一些实验得出的结果是使用了类似压力背心的工具后犬暴露在应激源环境中表现焦虑行为的比例更低。但也有研究发现犬在应激源环境中穿与不穿压力背心其唾液皮质醇和尿液催产素的水平没有明显变化，因此压力背心的效果仍然是不确定的。

第六节　搜救犬的行为矫正

犬的不良行为可以通过学习来管理或改变。比如，通过操作性条件反射来激励犬按照我们的意愿改变行为方式，也可以通过经典条件反射来改变犬的情绪状态，从而改变它们对特定情况的反应。

一、使用操作性条件反射进行训练

操作性条件反射是动物从其选择行为的结果中学习的过程。简单地说，如果犬知道这种行为会带来好的结果，它就会重复这种行为。如果它知道这种行为会导致不好的结果，它就不会再犯了。操作性条件反射本身是一个相当简单的原则。使用操作性条件反射来管理或改变犬的行为最常见的方法是训练犬对一系列"命令"或"指令"做出反应，然后利用这些指令来管理特定情况下的行为。

（一）选择指令

指令可以是任何让犬知道我们想让它做什么的信号。我们经常使用的词语是最常用的指令，因为语言指令对大多数人来说随时都可以使用。我们也可以利用其他听觉信号（如哨声）、视觉信号（如手势或闪光灯），甚至触觉信号（如触摸信号），来引起听力障碍犬的注意。对犬来说，指令必须足够明显，需要有一个单一的含义，并始终如一地使用。但我们经常做不到始终如一地使用，尤其是在使用"来"的词语时，因为人类会使用不同的词语表达"来"。例如，人们一开始经常用"来"这样的指令词教犬回到自己身边，但很快就会用犬的名字来呼唤。通常主人会在多种情况下使用犬的名字，而且犬没有受过在听到自己名字时靠近主人的训练。因此，犬很难明白呼唤它名字时是想要它干什么，也就不会回到主人那里。然后，主人可能会尝试用各种其他对他们有类似意义的词来称呼犬（如"这里"、"该回家了"或"你能过来吗"），但对于犬来说这些称呼没有任何意义，因为这些词也无法让犬理解，它的主人想让它做什么，导致犬困惑、主人沮丧。

（二）教授指令

在指令和行为之间建立联系涉及 3 个关键步骤。第一步是用食物或其他犬看重的东西来"引诱"犬做出想要的行为。第二步是奖励被诱导的行为，在这种情况下，犬完成指令就给它食物。这将鼓励它在下次主人给他食物时再次这样做。第三步是为行为添加指令，这是在犬跟随诱饵并可靠地执行行动时引入的。犬把指令和动作联系起来，就可以在用诱饵的情况下开始给指令。只有在指令完成后，食物才会作为奖励出现。更复杂的行为是通过调整这个过程来教授的，比如，将行为分解成更小的步骤，或者将多个行为连接在一起。

（三）奖励与惩罚

奖励是增加犬重复这种行为的手段。可以给犬想要的东西，激励它重复这种行为来再次得到奖励。惩罚是减少犬重复这种行为的可能性，这可能是犬觉得痛苦的事情，所以会停止引发它的行为。正面奖励和负面惩罚结合在一起，通常用来鼓励犬做出训练员想要的行为，确保期望的行为会得到正面奖励，而不执行期望的行为会导致负面惩罚（没有奖励）。人们有时很难接受用食物训练犬时使用负面惩罚，因为人们不喜欢被认为他们是在惩罚犬。然而，在操作性条件反射中对惩罚的科学定义（减少行为重复的结果）与其日常意义（意味着痛苦并与纠正或惩罚行为有关）之间存在差异。本质上，只要犬开始期待奖赏，这种以奖赏为基础的训练就会包含负面惩罚的元素，因为如果它不做主人想要的事情，它就不会得到奖赏。只要管理得当，就不一定会损害犬的福利。

正面惩罚和负面奖励同时使用主要用于控制不良行为，使用这种组合需要在犬做出不良行为时实施正面惩罚（体罚），而犬不做这些不良行为时就会得到负面奖励（没有体罚）。虽然不体罚犬本身并不是出于对动物福利的考虑，但只有在此训练中才有效，因为犬已经预料到被体罚，所以学会了如何避免体罚。因此，犬必须在某些时候接受正面惩罚，才能让负面奖励发挥作用。在负面奖励中也有恐惧的因素，因为犬必须预料到正面惩罚（体罚）的痛苦，从而有动力避免它。因此，两者都有损犬的福利，最好避免使用。

（四）时机

执行奖惩的时机是很重要的，这样犬就能把它与行为联系起来。理想情况下，奖惩应该在犬做动作的时候就执行，并且必须在犬完成动作的几秒内执行，以及在犬做其他事情之前执行，否则犬就无法将正确的两件事联想在一起。比如，如果犬在主人外出时在厨房地板上撒尿，主人回家后惩罚了它，犬会把惩罚与主人的归来联系在一起，而不是与小便联系在一起。

（五）强度

奖惩的强度在训练的成功中起着很大的作用，特别是在用奖励来管理或纠正行为时。如果正面奖励太小或犬不重视，那么重复行为的动机就会减弱，尤其是想要训练的行为违背了犬的天性。相反，如果正面奖励太大，一开始可能有用，但慢慢地犬可能会厌倦，之后可能就不足以激发期望的行为。同样，如果正面惩罚过于温和，或者犬并不觉得不愉快，它避免重复这种行为的动机就会降低，而如果正面惩罚太强烈，其引发的压力可能会干扰犬的学习能力。

二、奖惩的一致性

在最初的训练中，奖惩必须始终一致，这样犬才能将奖惩与行为联系起来，这被称为连续强化计划。如果奖惩突然中断，如主人分心或者没有带食物，犬被激励的任何行为变化都可能很快消失。一旦犬学会鼓励的行为，可以通过间歇性的奖励计划来防止这种情况。最有效的间歇奖励计划包括在行为重复不同次数后给予奖励，使犬不知道下一次奖励是什么时候，从而有动力不断重复这种行为，希望这次能得到奖励。然而，需要记住的是，当奖励是为了取代具有强大内在奖励的不良行为时，这种方法可能行不通，因为获得不需要努力的自然奖励的概率可能超过我们提供的间歇性奖励。间歇计划也不适用于正面惩罚/负面奖励的训练，因为这只会抑制不想要的行为，一旦正面惩罚/负面奖励停止，这些行为就会再次出现。

无论是自然习得的还是经过训练的行为模式都可能被改变，这种情况通常发生在奖励或惩罚停止时，因为它对行为的影响消失，称为习得消失。当奖励或惩罚的价值不再足以激发行为的改变时，也会发生这种情况。习得消失往往发生得缓慢而不引人注意。然而，当犬期望某一特定行为能得到有利的结果时，无论是经过训练的还是自然产生的，如果它没有得到，就可能会导致它沮丧或疯狂地努力以获得预期的奖励，这被称为"灭绝爆发"。例如，如果一只习惯了在跳起来时引起注意的犬开始被忽视，它可能会尝试其他方法来获得预期的注意，如跳得更高、吠叫或抓住衣服。如果一切都失败了，犬最终会放弃，然而，这个过程对犬和其主人来说都是痛苦的，经常导致主人放弃训练。因此，最好教犬一种行为，比如坐着，既能被主人接受，又能给犬它想要的（注意力），这样它就不必在试图自己解决问题的时候不断犯错。

三、关于使用正面惩罚

大量的证据表明，对犬进行正面惩罚会损害犬的福利，可能导致犬与训导员关系的破裂，训导员有很大的受伤风险，并且在许多情况下，即使对于追逐和捕食等高度自我奖励的行为，正面惩罚也不比正面奖励更有效。因此，应尽量避免使用正面惩罚。

四、使用经典条件反射进行行为矫正

经典条件反射是一个过程，在这个过程中，一个非条件性生理反应会与一个之前没有联系的外部触发因素联系起来，之后这个外部触发因素能够刺激这一生理反应。这一原理是由伊万·巴甫洛夫在研究犬的消化系统时首次发现的。在经典条件反射理论中，肉粉被作为无条件刺激，因为它在不需要学习的情况下就能引发唾液分泌，对肉粉的反应称为非条件反射。在铃声与肉粉的联系建立之前，铃声是一种中性刺激，因为它不会自然地引发唾液分泌。经过反复训练，铃声就变成了条件刺激，因为它已经作为一种信号，可以预告食物的出现，所以即使没有食物，铃声也会引发唾液分泌。对铃声的反应被认为是一种条件反射，因为它只发生在对铃声的条件反应中，而不是对肉粉的自然反应。

使用经典条件反射的训练包括改变动物在触发因素下的情绪反应，目的是反过来改变它们对触发因素的情绪和行为反应。举个例子，如果一只犬在训练中向工作人员猛扑和吠叫，这通常是由于犬恐惧。如果我们能帮助犬克服恐惧，它们就不再觉得有必要猛扑和吠叫。经典的基于条件反射的行为矫正最常用的方法是脱敏和条件反射对抗（desensitisation and counter conditioning，DSCC）。

脱敏是抵消犬对某些事物的情绪反应的过程。最典型的是恐惧、沮丧或过度兴奋。这个过程类似于习惯化，不过我们一般称之为脱敏，因为如果需要治疗，这表明犬可能对触发因素敏感。条件反射对抗是指通过经典的条件反射来改变犬当前的情绪反应的过程。脱敏在条件反射对抗之前进行，以确保犬在开始对抗条件反射之前对触发因素不会太敏感。脱敏后需要条件反射对抗，因为犬在经历了一些意外的不愉快经历，脱敏后产生的中性反应很容易瓦解。条件反射对抗产生的积极情绪反应能让脱敏后的中性反应不那么容易瓦解，也就降低了犬在一次或多次痛苦事件后再次产生恐惧的风险。

消极情绪往往比积极情绪更强烈，所以如果一只犬同时或连续经历了这两种情绪，它更有可能对消极情绪做出反应。因此，DSCC 的成功依赖于确保犬在训练期间意识到触发因素，但无论是在训练期间还是在行为矫正计划进行时，其都不会强烈到引发令犬痛苦的情绪反应。管理触发因素通常包括在距离触发因素较远的地方进行训练或以其他方式削弱触发因素，随着训练的进行，触发的强度逐渐增加。DSCC 不能消除先前的条件反应，而是通过更强的新条件反射来覆盖旧的条件反射。因此，要花时间和精力来建立足够的积极联系，以抵消之前与触发因素相关的痛苦情绪。如果反复出现令人痛苦的事件，导致消极体验再次超过积极体验，训练也会中断。因此，即使在训练结束后，负面体验仍然需要管理，对抗条件反射需要终身保持，特别是在有意外痛苦事件风险的情况下。

以下为 DSCC 程序的关键步骤，可用于参考制订训练计划：

（1）除训练之外，尽量减少接触触发因素，这可以防止自然产生的恐惧阻碍训练计划中取得的任何进展。

（2）在训练过程中控制其他负面刺激，如噪音或犬担心的其他事情。

（3）确定犬能够意识到触发因素但未到导致害怕或应激的触发程度。

（4）让犬处于这种强度的刺激下。

（5）保持刺激，直到犬不再对刺激过度敏感（脱敏）。

（6）根据犬的喜好进行一些快乐的活动，如喂食、玩耍、训练。

（7）单次训练时间不能太长，同时持续管理好触发因素的刺激。

（8）最好是每天都能重复练习，直到犬在感受到这种强度的触发因素时情绪上能表现得比较正面。这是一个信号，表明它在期待一些奖励，如食物，这样条件反射对抗就是成功的。

（9）增加刺激强度，重复步骤（4）—（8）。

（10）重复步骤（4）—（9），直到犬能适应正常的日常强度。

（11）如果在任何阶段，犬对触发因素表现出恐惧，立即调整至犬能够接受的强度，并且放缓训练进程。

（12）终身进行条件反射对抗训练。

五、反应预防（淹没法）

反应预防也称为淹没法，是一种有争议的行为纠正方法，有时用于人类心理学领域。它的原理是通过强烈的触发因素刺激让犬快速脱敏，防止犬对其产生习惯性反应。犬暴露在触发因素刺激的最高强度下，直到应激反应消失。有人认为，这样病犬就能对触发因素脱敏，并在触发因素和痛苦缓解之间建立经典条件反射，随后是平静或中性的情绪状态。但这种方法在犬身上使用可能会有很多问题。

尽管人类可以选择以这种方式来面对并试图克服他们的恐惧，但对犬的这种治疗总是涉及强制行为。内容通常包括在触发恐惧的地方对犬进行身体上的限制，即使它们明显感到痛苦并想要逃走，这会严重损害犬的福利。这一方法还会给主人带来情绪压力，并使参与其中的人面临受到犬防御性攻击的风险。淹没法还有使犬的行为变得更糟而不是更好的巨大风险。治疗需要仔细管理，以确保病犬在治疗结束时的恐惧水平低于开始时。如果不是，它们就不会体验到治疗工作所需的放松和平静/中性的情绪状态，相反，它们会在触发因素和它们的高度恐惧之间形成联系。这可能会使它们在治疗后比之前更害怕触发因素。人们可以通过在一开始就对病犬的恐惧进行评级，并使犬暴露在触发点下，直到强度恐惧临界点的一半时停下来。但是犬没办法评估自己的恐惧程度。因此，医生必须尝试根据犬在治疗期间的行为来评估这一点。一般来说，一旦犬表现平静，不再试图逃离触发因素，治疗就可以结束。然而，在某些情况下，平静可能是犬的恐惧水平真正降低的迹象，但在其他情况下，这可能是一种习得性无助的迹象，在这种状态下，犬放弃对抗应激源，但对应激源的恐惧并没有减少。因此，治疗过早停止的风险很大，可能导致犬的恐惧水平整体上升而不是下降。这种方法很受欢迎，因为从表面上看，它似乎能"快速"解决一些问题行为。然而，如果了解了这种方法的风险，犬在治疗期间所经历的痛苦程度，以及存在即使行为似乎已经解决它们仍然害怕的可能性，许多主人就不太可能愿意使用它。因此，考虑到对犬的身体健康可能造成危害、可疑的疗效、伦理上的担忧，比起见效慢但是更安全的 DSCC，淹没法并不是一个合理的选择。

第六章 搜救犬常见疾病

搜救犬的身体健康与其工作能力和工作效率紧密相关，若训导员了解犬的常见疾病，则可在犬的日常饲养管理、训练及工作时有效地避免一些问题发生，在遇到犬的紧急意外伤害时，能够采取急救措施，为后续专业兽医的治疗争取时间。除此之外，训导员还应重视搜救犬防护及医疗急救装备的置办。

犬的疾病繁多，可将其分为传染病、寄生虫病、内科病、外科病、中毒等类别，而每一类又包括很多种疾病。搜救犬的工作环境较为复杂多变，如地震搜救过程中可能存在裸露的钢筋、破碎的玻璃、瓦砾和难以预测的余震等，这些对搜救犬来说都是潜在的威胁，可能造成严重的外伤；火灾搜救时导致烧伤，吸入烟雾导致呼吸道损伤。在饲养和训练中，群发的传染性疾病、寄生虫病和误食导致的中毒，还有训练强度过大、饮水和休息不足导致犬猝死、中暑等情况，都会对搜救犬造成损害，降低其工作能力和减短服役时长甚至寿命。

第一节 传 染 病

犬传染病的病原体可分为病毒、细菌、真菌、螺旋体、立克次体和支原体等。日常免疫、生活环境管理对于传染病的预防极为重要。但是由于搜救犬工作场所的特殊性，搜救犬会接触到一些疫苗防疫未覆盖的传染病，因此搜救犬的疫苗接种程序就显得格外重要，不但要重视犬核心疫苗的注射，还要根据各个地区的疾病分布情况，选择性注射犬非核心疫苗，预防疾病的发生。关于疫苗程序的制定将在本节第十部分详细讨论。

犬的传染性病原体的主要传播途径为空气传播、飞沫传播、粪—口传播、接触传播、垂直传播、血液传播。尽管避免接触传染源是预防传染病的最佳途径，但搜救犬在工作中会不可避免地接触到传染源，如昆虫、蜱虫和蚊虫等，加之犬的舔舐东西的天性，一些自然疫源性疾病会经这些媒源或通过消化道等途径感染。因此，在饲养、训练和工作中，训导员要做好相应防护措施，尽量减少搜救犬接触到传染源，避免感染发生。本节将从疾病的流行病学、症状与病变、诊断、治疗和预防等方面，列述犬核心疫苗所涉及的疾病、昆虫媒介传播的疾病及人犬共患的几类搜救犬常发的传染病，并着重介绍了犬传染病的防疫程序。

一、犬瘟热（canine distemper，CD）

犬瘟热是由犬瘟热病毒（canine distemper virus，CDV）引起的犬科、鼬科和浣熊科等动物的一种急性、高度接触性传染性疾病。临床上以双相型发热、急性鼻卡他和随后的支气管炎、卡他性炎、严重胃肠炎和神经症状为特征。因有些患犬表现为足垫角质化增厚，又称为硬脚掌病。

【流行病学】

CDV 对热和干燥敏感，在炎热季节 CDV 不能在犬群中长期存活。乙醚、石灰水、福尔马林溶液等是杀灭犬瘟热病毒的主要消毒剂。传染源主要为病犬和带毒犬。传播途径主要是空气传播、飞沫传播和粪—口传播，也可通过胎盘垂直感染，造成流产和死胎。任何年龄的未免疫犬都对该病有易感性，3～6月龄的犬易感性特别高，而已免疫的犬很少发生 CDV 感染。

【症状与病变】

CDV 的潜伏期一般为 3～6 天，其症状可分为以下典型症状，但临床上其大多会混合出现。

（1）呼吸道型。病犬鼻镜干裂，呼出恶臭的气体，排出脓性鼻液，严重时将鼻孔堵塞，眼因脓性结膜炎而分泌出大量脓性分泌物，严重时将上下眼睑黏合。

（2）肠炎型。病犬食欲下降或食欲废绝，顽固性呕吐，排腥臭性带有黏液的稀便，后期排少量的黏液粪便，严重时带有血便。病犬迅速脱水，严重时会继发肠套叠。

（3）神经型。急性感染的犬常在恢复期后的 7～21 天出现神经症状，如癫痫、四肢轻瘫、肌痉挛等。出现了神经症状的犬如果存活下来，可能遗留永久的后遗症。

（4）皮炎型。腹部、大腿内侧和外耳道发生水泡性或脓疱性皮疹。足垫先表现为肿胀，最后表现过度增生角质化，形成俗称的"硬脚掌"病。这是临床诊断的重要指征之一。

（5）眼型。前葡萄膜炎、视神经炎（突然失明）、视网膜变性，以及毯部及非毯底部坏死。眼底镜检查毯部的过渡反光区可见有慢性的、无活性的视网膜损伤。

（6）其他。若 CDV 感染发生于恒齿长出前，则牙釉质可能发育不良。

小于 7 日龄的幼犬通过实验感染 CDV 还可出现心肌病。

【诊断】

根据流行病学信息和临床症状，可以做出初步诊断。确诊需通过病原学与血清学检查。

（1）病原学检查有病毒分离、电镜观察、荧光抗体染色等方法。

（2）血清学检查有中和试验、补体结合试验、间接酶标或荧光抗体法等。

（3）包涵体检查是诊断 CD 的重要辅助方法，但是要与狂犬病病毒（rabies virus，RV）、犬传染性肝炎病毒等所形成的包涵体及细胞本身的某些反应产物进行区分。

（4）快速诊断测试板对 CD 的检出率达 90% 以上，市面上已有成熟的多联试剂盒，使用方便、诊断快捷。

【治疗】

治疗原则是抗病毒、支持疗法、控制感染、对症治疗。根据病犬的体况、患病程度，药量酌情加减。在治疗过程中，使用抗生素预防感染，尽早使用大剂量的 CDV 高免血清和单克隆抗体来控制病毒，同时使用支持疗法来增强机体免疫力，如皮下或肌内注射免疫增强剂。此外，还可以试用 CDV 特异转移因子与犬白细胞干扰素。治疗 CD 时，还应注意对症治疗。腹泻而脱水的病犬，需要进行补液和补充电解质，腹泻不止的犬还可以使用止泻药；出现神经症状的犬只能使用抗痉挛药物来缓解，而出现严重神经症状的犬，可以考虑实施安乐死。对症实施输血、退热、强心、镇痛、止咳等积极的救治措施，并加以悉心的护理，可能对早期感染的犬有一定疗效。

【预防】

CD 的最好预防方法是定期免疫接种。此外，定期对犬舍进行消毒，使用常规消毒剂即可杀灭 CDV。同时应将病犬与健康犬分开饲养，特别是出现胃肠道或呼吸道症状的犬应隔离饲养。对于可能感染的犬，应进行紧急疫苗接种。

二、犬细小病毒病（canine parvovirus disease）

犬细小病毒病是由犬细小病毒（canine parvovirus，CPV）感染引起的，以严重肠炎和心肌炎为特征的一种急性、接触性、致死性的传染病。

【流行病学】

CPV 对外界理化因素抵抗力非常强，粪便中的病毒可存在数月至数年。

病毒对紫外线、福尔马林、次氯酸钠、氨水和氧化剂敏感。CPV 主要感染犬，各种年龄、性别和品种的未免疫犬均易感。但纯种犬和断奶幼犬易感性较高，病死率也最高，常窝发。传染源主要为病犬，早期通过粪便排毒，传染性强，且康复犬仍可长期通过粪便排毒。健康犬主要通过摄取污染的水源、食物或接触病犬、污染的环境而感染。

【症状与病变】

该病潜伏为期 7～14 天，多发生在幼犬适应新环境的过程中，洗澡和幼犬过食是常见的诱因。青年犬以肠炎为主，幼犬以心肌炎为主。

肠炎型病初犬表现症状为发热、精神沉郁、不食、腹泻、呕吐。初期呕吐物为食物，继之黏液状、黄绿色或有血液。粪便随病程发展最后呈咖啡色或番茄酱色样的血便，带有特殊的腥臭气味。病犬可出现严重脱水症状，体重明显减轻，对于肠道出血严重的病例，可能会出现休克、死亡。心肌炎型多见于 4～6 周龄的幼犬，常无先兆性症状，或仅表现轻微腹泻，继而突然发病，发生急性心力衰竭而导致死亡，死亡率高达 80％，少数轻症病例能治愈。

【诊断】

（1）典型的临床症状。病犬呕吐带泡沫和黏液的胃液及黄绿色的胆汁；初期粪便变成番茄汁样稀便，腥臭难闻。

（2）血凝与血凝抑制试验。此法最为简便、经济、适用，既可迅速检出粪便提取物和细胞培养物中的 CPV 抗原，也可很快检出血清和粪便中存在的 CPV 抗体。

（3）CPV 快速诊断测试板。商品化的测试板具有方便、快捷的优点。

【治疗】

CPV 感染的特点是病程短急、恶化迅速，心肌炎综合征型病例常来不及救治即死亡；肠炎型病犬及时合理治疗，可明显降低死亡率。应首先静脉输液以补充体液及电解质，可用生理盐水、葡萄糖、ATP、维生素 C 等配制药剂。尽早注射 CPV 高免血清，同时还可以通过注射病毒单克隆抗体、干扰素、免疫球蛋白等来抑制病毒的增殖，并选择适合的抗生素防止继发感染。首选溴米那普鲁卡因注射液肌注止吐，胃肠道有出血者切勿使用胃复安，止泻常使用施密达进行深部灌肠，避免其呕吐降低药效。在纠正酸中毒过程中静脉滴注 10％ 的葡萄糖酸钙，常能防止低钙抽搐的发生。休克症状明显的可肌注地塞米松或盐酸山莨菪碱注射液。病犬护理过程中，应适当禁食，注意保暖，待呕吐症状缓解后才可逐渐少量多次地给予少量淡盐水和易消化的流体食物。停喂肉类、蛋类等难消化的食物，以减轻胃肠负担，促进恢复。

【预防】

预防 CPV 感染的根本措施在于免疫预防，接种 CPV 的灭活疫苗和弱毒疫苗可使大多数犬产生较好的免疫力。及时隔离病犬，对病犬污染的用具、场所和饲养人员等进行严格的消毒，严禁病犬与健康犬接触，可以大大降低本病的传播风险。

三、犬传染性肝炎（infectious canine hepatitis，ICH）

犬传染性肝炎是由犬 1 型腺病毒（canine adenovirus type – 1，CAV – 1）引起的一种急性病毒性传染病。特征为血液循环障碍、肝小叶中心坏死，以及肝实质细胞、内皮细胞出现核内包涵体和出血时间延长，为全身性感染的疾病，尤其是肝脏病理变化显著，故名传染性肝炎。

【流行病学】

CAV – 1 对温度和干燥有很强的耐受力，且对乙醚、氯仿、酒精都有耐受性，可用甲醛、碘仿和氢氧化钠杀活 CAV – 1。CAV – 1 主要感染犬，各种年龄、性别和品种的犬均可发病，但 1 岁以内的幼犬多发，幼犬死亡率高，成年犬很少出现临床症状。传染源主要是病犬和康复犬。康复犬尿中排毒可达 180 ～ 270 天，是造成其他犬感染的重要疫源。主要通过直接接触病犬及其分泌物和接触污染的用具传播，也可发生胎内感染造成新生幼犬死亡。

【症状与病变】

本病的潜伏期短，自然感染的潜伏期为 6 ～ 9 天，大约在 2 周内恢复或死亡。按其症状可以分为肝炎型和呼吸型。肝炎型初生犬以及年龄不超过 1 岁的犬发病为最急性型，通常在 24 h 内死亡。病程较长的病犬，除了腹痛、血便、体温升高，可能会存在精神沉郁、流水样鼻涕等症状。口腔及牙龈会出现明显的出血。比较特殊的症状为头颈等部位出现皮下水肿，可以看到黏膜轻度黄染。较轻的病例通常会出现食欲不振等症状。呼吸型病犬体温升高，脉搏、呼吸加快，咳嗽，流浆液或脓性鼻液，进而出现干咳，直至因肺炎而死。此外，1/4 的病例会出现角膜混浊，其特点是由中心向四周扩散，常在出现症状的 1 ～ 2 天被浅蓝色膜所覆盖，即所谓"蓝眼"病变，这是该病的特征性症状。

【诊断】

由 CAV 引起的犬传染性肝炎，除"蓝眼"症状外，其他症状均缺乏特征性，而且 CAV 又易与犬瘟热、副流感等病毒混合感染，增加了临床症状的复杂性。依靠临床症状只能做出初步的诊断，最后确诊必须通过病原学检查与血清学检查。

（1）病原学检查。接种犬肾细胞做病毒分离或直接电镜观察，如分离出或直接观察到腺病毒即可做出诊断。

（2）血清学实验。荧光抗体检查扁桃体涂片可提供早期诊断；血凝抑制试验、琼扩试验，以及采取肝、脾、腹水进行病原分离均可用于诊断。

（3）实验室检查。急性感染的犬血液检查表现为白细胞减少，同时淋巴细胞和中性粒细胞减少。在该病的急性病毒血症时肝酶指标均显著增高，还可能出现弥散性血管内凝血（disseminated intravascular coagulation，DIC）。

【治疗】

对于病程较急，且全身症状严重者，治疗效果均不理想。病程较长者，可在及时注射大剂量 CAV‑1 高免血清的同时，进行保肝、镇咳、防止继发感染等对症治疗，如静脉输液治疗 DIC、静脉注射葡萄糖治疗低血糖症。由于其接触传染性，幼犬感染 ICH 后常预后不良。

【预防】

预防本病的最好方式是疫苗接种。CAV‑1 感染症的一个重要特点是康复后带毒期长达 6～9 个月，这是本病的重要传染来源。针对已经确诊的犬只，需及时进行隔离治疗。针对死亡的病犬，尸体要进行无害化处理，做好消毒等有关措施，消灭传染源，防止诱发大规模传染，保证其他犬只的安全及健康。

四、犬立克次体病（canine rickettsiosis）

犬立克次体病指由立克次体科微生物感染引起的，对犬产生较大危害的传染病，主要包括犬埃立克体病、落基山斑点热和人畜共患病 Q 热，是一类主要由蜱虫传播的疾病。本文仅介绍犬埃立克体病（canine ehrlichiosis）。

犬埃立克体病以犬埃立克体（ehrlichic canis）感染引起的犬单核细胞埃立克体病最常见。特征为出血、消瘦，多数脏器浆细胞浸润，血液血细胞（含血小板）减少。

【流行病学】

犬埃立克体抵抗力较弱，常规消毒剂短时间就可杀灭。磺胺和四环素等广谱抗生素能抑制其繁殖。棕色的血红扇头蜱是本病的传播媒介。蜱感染后至少155天内能传染此病，越冬的蜱次年仍可传染易感犬。一般发生于夏、秋季节，多为散发，也可呈流行性发生。

【症状与病变】

典型的犬粒细胞埃立克体病可分为 3 个阶段。经过 1～3 周的潜伏期后，急性期可持续 2～4 周。临床症状较多，包括发热，口、鼻、眼流出脓性分泌物，可有黏膜发黄，食欲下降，体重减轻和淋巴结肿大，这些症状可自发地消失。感染后 40～120 天为亚临床阶段，此时无临床症状，该阶段可能持续数年。慢性感染犬以临床症状不明显或伴随骨髓发育受阻的严重血液损伤为特征，可能出现严重的各类血细胞减少症。病犬常见鼻出血及皮肤出血等自发性出血。在一些病例中，可见严重的神经症状，如癫痫、共济失调、前庭功能障碍、瞳孔大小不一及感觉过敏。

剖检可见消化道溃疡、胸水、腹水、肺出血、水肿。器官和皮下组织浆膜和黏膜面上有出血点或瘀斑。脾脏和全身淋巴结肿大，喉头、四肢水肿，有的见有黄疸。

【诊断】

临床上可通过临床症状、血液学检查、血清学检查来诊断犬埃立克体病。非再生障碍性贫血和血小板减少是该病主要的血液性症状。德国牧羊犬常出现各类血细胞减少的症状。血清学检查可用间接荧光抗体技术和 ELISA 法来检测该抗体，市场上已有成熟的快速诊断测试板，可快速、便捷使用。如爱德士四合一检验试剂可以检测 4 种疾病：犬心丝虫疾病、太埃立克体病、莱姆病和嗜粒细胞无形体病。

【治疗】

及时隔离病犬，及时治疗。常选用四环素类抗生素治疗，应注意用药持续时间，如果治疗见效，应该持续 3～4 周或更长时间。对于慢性病，可能要持续 8 周，但是大多预后不良。除抗生素治疗外，应配合一定的支持疗法，尤其是慢性病。

【预防】

目前还没有疫苗能有效预防犬埃立克体病，预防本病主要依靠定期消毒灭蜱，切断传染链。定期用荧光抗体法检测犬群，发现病犬，严格隔离、治疗。此外，生活在疫区的犬可口服四环素 6.6 mg/kg 来预防。

五、犬钩端螺旋体病（leptospirosis）

钩端螺旋体病是犬和多种动物及人共患的传染病和自然疫源性疾病。犬感染后主要有急性、致死性黄疸及亚急性、慢性肾炎两种病型。

【流行病学】

钩端螺旋体污染水源后，可在其中生存数月之久。其对酸性和碱性环境很敏感，阳光直射和干燥均能使其迅速死亡。一般消毒剂的常用浓度均可将其杀死。鼠类是钩端螺旋体重要的贮存宿主，感染动物是重要的传染源。钩端螺旋体的传播方式主要包括粪—口传播、接触传播和胎盘垂直传播等。被污染的水可间接导致大批犬发病。该病有季节性，9—10 月发病率比较高，其中以幼犬和青年犬发病率比较高，且公犬发病率高于母犬。

【症状与病变】

急性感染以发热和肌肉触痛为特征，逐渐发展为呕吐、脱水、呼吸急促、脉搏加快且不规律、毛细血管充血不足。还会出现弥漫性血管内凝血（DIC）的特征性症状，如吐血、便血、黑粪、鼻出血等。有胃肠道炎症的部分病例还会出现肠套叠。此外，黄疸也是急性病例常见的症状之一。

亚急性和慢性病犬主要表现为发热、厌食、呕吐、脱水、口渴，可能出现肌炎、结膜炎、呼吸困难等症状。钩端螺旋体可导致病犬出现明显的肝脏衰竭症状，包括食欲不振、体重减轻、黄疸、肝脑病等。有肾功能衰竭的犬可出现少尿或无尿。病犬常见黏膜黄疸，浆膜和某些器官表面出血；肝脏肿大、色暗、质脆；肾肿大，表面有灰白色坏死灶，有时可见出血点，慢性病例可见肾萎缩及纤维化。

【诊断】

临床症状明显时，根据发热、黏膜黄疸及出血、尿液黏稠呈黄色等症状，结合流行病学特点可初步诊断。当症状不明显时，要根据下列检验结果进行综合判断。

（1）血液及生化检验。阳性结果为白细胞增多和血小板减少，尿素氮和肌酐酶浓度升高。

（2）病原学检验。培养钩端螺旋体，然后在暗视野显微镜下观察。

（3）聚合酶链反应（polymerase chain reaction，PCR）检测。以尿液为样本最佳，该法是迄今为止检测钩端螺旋体最敏感和快速的方法。

（4）血清学检验。常用微量凝集试验和补体结合试验。

【治疗】

早期给予有效、足量的抗生素，青霉素和链霉素联合注射效果较好。未表现明显临床症状的病犬，口服四环素或土霉素。晚期可尝试用抗黄疸出血型高免血清治疗。静脉输液以补充由呕吐及腹泻丢失的水分。对于自发性流血的动物，应用各种止血剂止血和输血。出现少尿或无尿的病犬，可用10%的葡萄糖和呋塞米静脉滴注。对肝功能受损的病犬应进行保肝治疗并避免应用损肝药物。中毒犬应用肾上腺皮质激素提高机体对毒素的耐受性，以减轻中毒症状。

【预防】

消除带菌、排菌的各种动物，包括对犬群定期体检，消灭犬舍中的啮齿类动物；消毒和清理被污染过的饮水、场地、用具，防止疾病传播；进行预防接种，通过间隔 2～3 周进行 3～4 次注射，一般可保护 1 年。

六、血巴尔通体病（hemobartonellosis）

血巴尔通体病是由血巴尔通体引起的犬以免疫介导性红细胞损伤，导致贫血和死亡为特征的疾病。本病可经吸血昆虫和医源性输血等途径感染。

【流行病学】

犬血巴尔通体主要寄生在宿主红细胞表面，可通过咬伤、抓伤或蜱、蚤、螨、蛉的吸血感染，还可通过输血等发生医源性传播。

【症状与病变】

犬血巴尔通体病主要表现为慢性贫血、苍白、消瘦、厌食，偶尔发生脾脏肿大或黄疸，贫血程度和发病速度在不同病例间有所不同。其病菌能侵蚀犬的心脏、肝脏，导致器官功能紊乱，呕吐、排稀便，因与犬细小病毒引起的症状相似而延误治疗时机。当犬患有此传染病又受外界虫媒的惊扰时，会产生应激性免疫应答，导致机体抵抗力下降，出现临床症状时，治愈率不高。犬血巴尔通体的致病作用一般不强，但是也报道过高致病性的犬血巴尔通体。

【诊断】

犬巴尔通体病的诊断方法主要是制作外周血涂片，应用瑞氏–姬姆萨梁液染色检查，或用 PCR 技术检测病原特异性的核酸片段。血象和生化指标的变化并非本病所特有的，因此诊断意义不大。

【治疗】

四环素是本病的首选药，同时应用糖皮质激素或其他免疫抑制性药物终止免疫介导性红细胞损伤，对四环素有抗性的菌株可选用甲硝唑。

【预防】

该病主要以预防为主，防止犬被蚊虫叮咬和吸血寄生虫的侵蚀，同时注意加强饲养管理，保持环境卫生，定期消毒，驱除体外寄生虫，如蜱、蚤、螨虫等。

七、狂犬病（rabies）

狂犬病是由狂犬病毒（rabies viru，RV）引起的所有温血动物的一种急性致死性脑脊髓炎，以狂躁不安、行为反常、攻击行为、进行性麻痹和最终死亡为特征，特点是潜伏期长，致死率几乎100%。

【流行病学】

RV易被紫外线、甲醛、新洁尔灭、酒精等灭活。主要传染源为病犬和带毒动物，几乎所有温血动物均易感，主要易感犬科和猫科动物，野生动物可能长期隐性带毒。大量病毒存在于动物唾液中，通常于发病前数日即具有传染性，而不发病的隐性感染犬和猫也具有传染性。最常见的传播方法是感染性唾液接触易感动物的伤口，如咬伤、抓伤。

【症状与病变】

狂暴型狂犬病临床症状可分为三期，即前驱期、狂躁期和麻痹期。前驱期时犬表现出紧张、不安，还可能出现异食癖、唾液增多等症状；狂躁期时犬狂躁与沉郁交替出现，表现出攻击性，对外界环境敏感，高热、吠叫、异食、恐水，咽喉肌阵发性痉挛；麻痹期病犬消瘦，精神高度沉郁，咽喉肌麻痹，下颌下垂，舌脱出口外，严重流涎，后躯及四肢麻痹，行走摇摆，卧地不起，最后因呼吸中枢麻痹或衰竭而死。

麻痹型狂犬病最初的症状为下运动神经元渐进性麻痹或脑神经缺失。病犬由于喉麻痹，吠声音调会有所改变。颌下垂的犬还可见唾液分泌过多和吠声困难。一旦出现瘫痪，2～4天后犬可能因呼吸衰竭而死亡。

【诊断】

根据流行病史，如有被犬、猫或其他宿主动物舔舐、咬伤或抓伤史，以及典型的临床症状，如兴奋、恐水、流涎、抽搐、瘫痪及具有明显攻击性等典型症状，即可做出诊断。

实验室诊断的检测病料最好为受检犬的海马角和小脑，诊断方法包括小鼠颅内接种分离狂犬病毒法、细胞培养分离技术、包涵体检查、荧光抗体实验（该方法是狂犬病毒实验室诊断最精确、最快速和最可靠的方法）、快速狂犬病酶免疫诊断法等。

【治疗】

本病尚无特效治疗药，而且病死率极高。临床症状明显的犬，无法治愈，应予扑杀。对疑似有狂犬病的犬要严格隔离，以防止其与其他动物或人接触，必要时对其实施安乐死，并取其脑组织进行狂犬病病毒检查。

【预防】

对该病的预防，主要是通过给犬进行疫苗接种。市面上国产和进口的灭活疫苗和弱毒活疫苗，都可以给犬接种。在野外工作的犬要做好防护措施，避免直接接触野生动物。

八、皮肤癣菌病（dermatophytosis）

皮肤癣菌病是由皮肤癣菌引起的毛发、爪及皮肤等角质组织的感染，以皮肤出现界限明显的脱毛圆斑、渗出及结痂等症状为特征。

【流行病学】

临床上犬的皮肤癣菌病70%由犬小孢子菌引起，20%由石膏样小孢子菌引起，须毛癣菌最次。犬皮肤癣菌病的传播途径主要通过直接接触或接触被其污染的刷子、梳子、铺垫物等媒介物。皮肤癣菌病可以在人和动物之间及不同动物之间相互传染。发病率一般没有性别差异，幼小、体弱及营养不良的动物易感染。皮肤和被毛卫生不良，环境气温高、湿度大均有利于本病的传播，本病一年四季均可发生。

【症状与病变】

犬皮肤癣菌病的主要表现是脱毛和形成鳞屑。犬常发部位是面部、四肢、耳朵和趾爪。常常表现为剧痒，其外观多种多样，一般有不同程度的脱屑、脱毛和结痂，毛发变脆、毛干易断、毛根易脱。严重的表现为大面积脱毛，皮肤上可见到红疹，脱毛区覆盖着油性结痂，刮去痂后裸露出潮红或溃烂的表皮。最典型的病理变化为环形病变，圆形脱毛斑在向外扩散的同时，中心已经开始愈合，脱毛斑边缘可见结痂。

【诊断】

仅根据临床症状很难诊断，因为犬的多种疾病的临床表现与其类似，如葡萄球菌性毛囊炎、蠕螨病等，需要进行一些特异性诊断才能确诊。

（1）伍德氏灯检查。犬小孢子菌感染的毛发发出黄绿色的荧光，石膏样小孢子菌感染荧光较少，须毛癣菌则无荧光。

（2）直接镜检。刮取病灶边缘处被毛、鳞屑、痂皮等病料置于显微镜下镜检。

（3）分离培养。通过每种真菌特定的形态特征来区分。

（4）组织病理检查。采用过碘酸希夫染色观察或进一步采用免疫组化及荧光抗体检查。

【治疗】

皮肤癣菌病一般具有自限性，但对感染动物采取适当的治疗措施可加速康复，同时预防病原传染给其他动物或人。

（1）局部外用药物治疗。先将患处的毛剪去，洗去污物，再外用联苯苄唑、酮康唑霜或丙烯胺类药物。

（2）全身性治疗。对长毛犬或严重的癣病需要进行全身性用药。可内服灰黄霉素，犬 40～120 mg/kg，每天 1～2 次，连用 4 周，妊娠动物禁止使用。也可口服酮康唑 10～30 mg/kg，分 3 次口服，连用 2～8 周。

任何作用于真菌的药物，都会作用于体细胞，特别是肝脏和肾脏。外用抗真菌药时，注意防止犬自身（或者其他犬）的舔咬，以防药物刺激胃。口服抗真菌药 2 周后，建议检查肝功能。给病犬佩戴好合适的伊丽莎白圈可以极大降低犬舔舐自身的概率。

【预防】

提高犬机体抵抗力和免疫力，保持环境干燥，并进行有效消毒；保持犬只体表清洁，防止皮肤外伤；加强检疫，发现患病动物立即隔离治疗，并对笼具和圈舍进行清洗和消毒，防止交叉感染或疾病散播。注意健康动物不要与感染动物共同使用梳毛器械。

九、传染病的预防

【基本消毒程序】

（1）犬舍的卫生。犬舍是犬栖身的场所，卫生条件的好与坏，将直接影响犬的健康。因此，须随时清除犬舍内的粪便，每天清扫犬舍 1 次，每月消毒 1 次，常用的消毒液有来苏儿溶液、漂白粉乳剂、过氧气酸溶液、农乐（复合酚）溶液、农福溶液等。对犬床、墙壁、门窗进行消毒，喷洒完消毒液后，熏蒸一段时间，再打开门窗通风，最后用清水洗刷，除去消毒液的气味，以免刺激犬的鼻黏膜，影响其嗅觉。对患病犬要彻底清换犬舍的铺垫物，对用过的铺垫物集中焚烧或深埋。犬舍要保持良好的通风和日照，适时打开犬舍的门窗以便通风和日照。养犬量多的犬舍，最好在犬舍周围种树绿化。

（2）保持犬舍周围的环境卫生。要及时清理犬舍排污沟内的粪污，以防堵塞腐臭。粪便要集中堆放在指定的粪缸或粪池内，加盖或掩埋。夏季还要常向粪缸内喷洒药水和石灰，防止蚊、蝇、虫卵滋生。要及时清除犬舍周围的杂草与垃圾等。

（3）食具定期消毒。对食具应每周消毒 1 次，可将其煮沸 20 min，也可用 0.1% 新洁尔灭液浸泡 20 min，或用 2% ～3% 热碱水浸泡，后用温清水洗净。每次食后的食具都要洗净，剩余的食物要倒掉，以免发酵腐败。

（4）犬体的卫生。犬皮肤卫生的护理方式包括梳毛和洗澡两种。梳毛不但可以清洁犬体，还具有使犬放松、预防寄生虫和皮肤病的功能。梳毛应该坚持每天 1 次，在换毛季节酌情增加。在梳毛时，注意要从头至尾、从上到下顺毛向刷掉表层污物，再用硬刷将毛层刷开除去污物。此外，注意犬身上是否有寄生虫和皮肤损伤，发现后及时处理。除梳毛外，还需要给犬适时洗澡。洗澡的次数由犬身体状况和气候决定。夏天洗澡可以较频繁，春秋时期可以在晴天时进行。冬季不宜洗澡，或者可以在暖和的室内用温水洗澡，用毛巾擦干或烘干机烘干毛发后再放回犬舍。

【免疫程序】

犬的疫苗通常分为核心疫苗、非核心疫苗和不推荐疫苗。核心疫苗是所有犬只在建议的时间点都需要进行免疫接种的针对会对犬造成严重危害的传染病的疫苗。在我国，犬核心疫苗常指对抗犬瘟热病毒、犬 1 型和 2 型腺病毒、犬细小病毒和狂犬病毒的疫苗。非核心疫苗指根据生活方式和环境可能造成感染的疫苗，需要评估感染风险和疫苗风险来权衡是否进行注射。不推荐疫苗指那些仅有少量科学研究验证的疫苗。

国内宠物犬目前多采用进口的六联和八联疫苗，以及国产的五联疫苗。六联疫苗包括犬瘟热、犬细小、犬腺病毒（1 型和 2 型）、副流感和钩端螺旋体疫苗，八联苗则再增加了黄疸出血型钩端螺旋体和犬冠状病毒的疫苗。国产五联疫苗则包括犬瘟热、犬传染性肝炎、犬细小、犬副流感和狂犬病疫苗。此外，狂犬病疫苗也有单独的制剂，均能使犬产生较好的免疫效果。

搜救犬由于工作环境的特殊性，可能接触到更多的传染源，所以建议基础免疫注射八联苗和狂犬疫苗，再根据地方流行的疾病，在当地兽医的建议下合理制定其他非核心疫苗的免疫程序。

幼犬免疫计划。幼犬在出生后的 12 周内一般都受到体内母源抗体的保护。但是由于个体差异，有些犬可能在 8 周龄时就逐渐失去了母源抗体的保护，而一些犬在 12 周龄时仍然对主动免疫不反应。因此，我们只能制定一个通用的免疫准则来应对所有可能的情况。

首次八联疫苗基础免疫（以下简称"首免"）在 6 ～ 8 周龄时注射，然后每隔 2 ～ 4 周注射 1 次，直到 16 周龄或 16 周龄以上。因此，幼犬需注射核心疫苗的次数由首免年龄和疫苗间隔时间所决定。据此，首免在 6 ～ 7 月龄，如果间隔 4 周注射 1 次，需注射 4 次基础核心疫苗，但是如果在 8 ～ 9

周龄时进行首免，同样间隔 4 周注射 1 次，则只需注射 3 次。狂犬疫苗推荐在大于 12 周龄时免疫 1 次。如果首次免疫早于 12 周龄，应在 12 周龄时再注射 1 次。

幼犬加强免疫推荐在 12 月龄时进行。此次加强免疫的主要目的并非加强免疫反应，而是为了确保那些基础免疫后仍对某些病毒免疫失败的犬只获得免疫保护。至于狂犬疫苗，则推荐 12 月龄时进行加强免疫，此后每年进行 1 次加强免疫。在国内通用的八联苗中有 4 种核心疫苗和 4 种非核心疫苗，而且联苗加强免疫的周期取决于保护时间最短的那种疫苗成分，比如，核心疫苗保护时间为 1 年，非核心疫苗为 3 年，为了整体加强免疫，该联苗还是要每年进行 1 次加强免疫。

幼犬在首次免疫后的 4 周后推荐进行 1 次血清抗体检测，评估抗体量是否达标，若抗体量合格则说明首次免疫成功；如果不达标，就需要考虑继续接种或更换疫苗的品种。有多种因素会导致免疫失败，其中最常见的是母源抗体中和了疫苗病毒；其次可能是疫苗的免疫原性低，还有可能是疫苗本身设计生产出错、疫苗保管不当等；较少见的情况是由基因决定的动物先天无反应，这可能在某些特定品种的犬上多发，但未被证实。

第二节　寄　生　虫　病

犬的寄生虫病有蠕虫病、原虫病和外寄生虫病，其中蠕虫病又可分为线虫病、绦虫病和吸虫病。寄生虫病主要是经过消化道传播和接触传播，一些蚊虫，如白蛉、虱子、跳蚤、蜱虫、蚊等，也是传播寄生虫病的重要媒介。搜救犬在野外执行任务的时候，不可避免地会被蚊虫叮咬，或食用未煮熟的肉类食物、野生动物等，就有可能感染寄生虫病。此外，很多寄生虫病是人畜共患的，如旋毛虫病、华支睾吸虫病等，因此训导员了解犬可能患的一些寄生虫病，有利于更好地做好个人安全防护。

尽管现有很多体内、体外驱虫药可以防治常见的寄生虫病，但野外工作环境复杂，很多病原未知且危险。训导员要尽量避免搜救犬饮用野外水源和食用野生生物，并对搜救犬做好定期驱虫和相关的病原检查。同时还应注意保持搜救犬居住、生活环境的干燥清洁，定期消毒通风。此外，保证搜救犬的食物来源清楚，尽量不喂生肉，以减少寄生虫病的传播。

一、蛔虫病（toxocariasis）

蛔虫病是由犬弓首蛔虫和狮弓首蛔虫的虫体在犬的小肠寄生而引起的常见寄生虫病，可导致幼龄犬发育迟缓、生长不良，严重感染时可导致死亡。该病广泛分布于全国各地。

【病原及生活史】

蛔虫成虫长 5 ～ 18 cm；蛔虫卵内含有一黑色、圆形、单细胞的胚胎，此胚胎包裹在一厚卵壳壁内。蛔虫卵随宿主粪便排出，在外界环境中发育至感染性阶段。犬常通过胎盘和哺乳而感染，也可通过摄入含幼虫卵或者转续宿主（啮齿动物）而感染。

【症状与病变】

轻度、中度感染犬弓首蛔虫时，幼虫移行临床症状不明显。寄生于犬小肠的成虫可引起犬的发育迟缓、被毛粗乱、精神不振、消瘦，偶见拉稀腹泻。有的幼犬呕吐物和粪便中会见虫体，幼龄动物出现"大腹"征。严重感染时，幼虫移行会造成肺部损伤，病犬出现呼吸加快、咳嗽、泡沫状鼻腔流出物等症状。

轻度、中度感染时虫体对组织器官的损伤不明显。严重感染时，由于幼虫在肺部移行，病犬出现肺炎甚或肺水肿；成虫可引起卡他性肠炎、肠黏膜出血或溃疡、肠道部分或完全阻塞等。感染进一步加重时会出现腹膜炎、肠穿孔、胆管阻塞、肝脏黄染等。

【诊断】

蛔虫产卵数量多，可通过粪便漂浮法发现虫卵。结合临床症状和粪便中发现的特征性虫卵或虫体即可确诊。

【治疗】

可选用以下药物：①阿苯达唑，按 10 ～ 25 mg/kg 口服 1 次，7 天后再重复 1 次；②左旋咪唑，按 10 mg/kg 口服 1 次；③芬苯达唑，按每天 50 mg/kg，连喂 3 天，少数病例用药后呕吐；④伊维菌素，按 0.2 ～ 0.3 mg/kg，皮下注射或口服，注意牧羊犬尤其是柯利牧羊犬或含有柯利血统的犬不能用。

注意事项：阿维菌素类的药物（如伊维菌素、阿维菌素、多拉菌素等）不能用于牧羊犬（如柯利牧羊犬、澳大利亚牧羊犬、苏格兰牧羊犬、喜乐蒂牧羊犬等），否则会引起中毒，柯利牧羊犬及含有柯利血统的犬尤甚。

现多使用拜宠清、大宠爱、犬心保等驱虫药，根据犬的体重选择适合的剂量服用即可。但要注意药物成分，牧羊犬不能使用含有阿维菌素类的药物。

【预防】

定期驱虫（使用内、外驱虫药，注意牧羊犬用药禁忌），注意环境卫生，及时清理粪便以防污染饲料和水源。

二、钩虫病（hookworm）

钩虫成虫长 5～16 cm；虫卵呈椭圆形，卵壳壁光滑。犬钩口线虫通过哺乳和感染性幼虫直接穿透皮肤进行传播，犬也可以从外界环境或者转续宿主摄入感染性三期幼虫而感染，偶见经胎盘感染；犬通过食入含有狭头弯口线虫的转续宿主或者三期幼虫而感染，偶见狭头弯口线虫感染性幼虫直接穿透皮肤感染。

【症状与病变】

感染性幼虫侵入犬的皮肤时，可导致皮肤瘙痒，随即出现充血斑疹或丘疹，继而出现红肿或含淡黄色液体的水泡。幼虫侵入肺脏后会引起肺炎，出现咳嗽、发热等症状。成虫寄生于肠道时，病犬出现恶心、呕吐、腹泻等消化道紊乱的病症，粪便带血或呈黑色、柏油状。病犬精神沉郁、黏膜苍白、逐渐消瘦、被毛粗乱，不及时治疗会因极度衰竭而死亡。胎内感染和初乳感染的 3 周龄以内幼犬可能出现严重的贫血，导致昏迷甚至死亡。

【诊断】

根据临床症状、粪便检查和尸体剖检发现虫体综合进行诊断。粪便检查一般采用漂浮法或贝尔曼分离法，检测出钩虫卵或分离出钩虫幼虫即可确诊。

5～10 日龄的幼犬经母乳感染钩虫后，可因失血过多而死，此时粪便中尚未出现虫卵。没有跳蚤的幼犬若出现缺铁性贫血，需怀疑是否感染了钩虫。

【治疗】

可选用下列药物：①二碘硝基酚。此药不需要停食，不会引起应激反应，可用于幼龄犬，是治疗本病的首选药物。按 0.2～0.23 mg/kg 皮下注射 1 次，对犬的各种钩虫驱虫效果良好。②左旋咪唑。按 10 mg/kg 口服 1 次。③阿苯达唑。按 50 mg/kg 口服，连用 3 天，对组织内移行的幼虫也有良好的驱杀作用。④伊维菌素。按 0.2～0.3 mg/kg 皮下注射，3～4 天注射 1 次，连用 3 次，牧羊犬不要使用。

现多使用拜宠清、犬心保等驱虫药，根据犬的体重选择适合的剂量服用即可。但要注意药物成分，含有阿维菌素类的药物不能用于牧羊犬。

重症贫血犬可通过补铁或输血以改善症状，给妊娠 55 天的母犬使用莫西克丁可减少钩虫经胎盘的传播。

【预防】

定期驱虫，保持犬舍的干燥和清洁，粪便及时清理以防污染，将可移动的用具在阳光下暴晒等等。

三、犬恶丝虫病（dirofilariasis）

犬恶丝虫病又称为犬恶心丝虫病，是由丝虫科、恶丝虫属的犬恶丝虫寄生于犬的右心室和肺动脉所引起的一种寄生虫病。以循环障碍、呼吸困难及贫血等症状为特征。犬、猫、狼、狐、小熊猫等野生肉食动物能感染此寄生虫。本病在我国分布很广。

【病原及生活史】

犬恶丝虫虫体细长，白色，长 12 ～ 30 cm。蚊子作为中间宿主获得微丝蚴，通过叮咬将感染性的三期幼虫传播至犬，犬感染后的潜伏期为 6 ～ 8 个月。

【症状与病变】

病犬初期出现慢性咳嗽，运动时加重或运动时易疲劳。随着病情发展，病犬出现慢性支气管炎、心悸亢进、心内杂音、肝脏肿大且肝区触诊疼痛，胸、腹腔积水，呼吸困难，咳嗽剧烈等症状。长期感染的病犬肺源性心脏病症状十分明显。末期常由于全身衰弱或运动时虚脱而死亡。

当病犬出现肺动脉高压症及肺动脉瓣障碍时，X 射线检查可见右心室扩张、主动脉与肺动脉扩张。当病犬并发急性腔静脉综合征时，还可能出现血色素尿、贫血、黄疸、虚脱和尿毒症等症状。

剖检时可见心脏肥大、右心室扩张、心内膜肥厚、瓣膜病变等。右心室和肺动脉中可见成虫纠缠成团。还可见肺脏贫血及扩张不全、肝硬、肾脏炎症等。

【诊断】

根据临床症状，并在外周血液内发现微丝蚴即可确诊。检查微丝蚴较好的方法是改良 Knott 氏试验或毛细管离心法。

【治疗】

（1）药物治疗。主要针对成虫，其次针对微丝蚴，可用如下药物：

①左旋咪唑，按 10 mg/kg 口服，每天 1 次，连用 7 ～ 14 天。②伊维菌素，按 0.2 ～ 0.3 mg/kg 皮下注射 1 次，注意牧羊犬禁用。现多使用大宠爱、犬心保等驱虫药，根据犬的体重选择适合的剂量服用即可。但要注意药物成分，含有阿维菌素类的药物不能对牧羊犬使用。

（2）手术治疗。对于虫体寄生数量多、肺动脉内膜病变严重、肝肾功能不全、用药会对犬产生毒性的病例，尤其是并发腔静脉综合征者，需采取外科手术治疗。

【预防】

消灭中间宿主（蚊、蚤），定期驱虫，定期血检以发现微丝蚴。

四、犬旋毛虫病（trichinellosis）

旋毛虫病是由毛形科、毛形属的旋毛形线虫寄生于犬所引起的一种人畜共患寄生虫病。旋毛虫成虫寄生于小肠，称为肠旋毛虫；幼虫寄生于横纹肌，称为肌旋毛虫。人、猪、犬、猫、狐狸、鼠类和野猪等多种哺乳动物均可感染此寄生虫。本病呈世界性分布。

【病原及生活史】

成虫细小，长 1.2 ～ 4 mm 包囊内的幼虫似螺旋状卷曲，发育完全的幼虫通常有 2.5 个盘转，包囊呈梭形。犬因食入含有感染性幼虫的包囊而感染，包囊在犬胃内被消化，释出幼虫。

【症状与病变】

犬感染旋毛虫后一般无明显的临床症状。但当人感染大量虫体时，可出现明显的症状：肠旋毛虫可以引起肠炎，出现消化道疾病的症状；肌旋毛虫对人危害较大，可引起急性肌炎，表现为发热和肌肉疼痛，严重时可因呼吸肌和心肌麻痹而死亡。

【诊断】

生前诊断困难，常在死后剖检时检出。诊断主要靠肌肉中检出旋毛虫包囊，常用的方法为肌肉压片法和肌肉消化法。

【治疗】

犬生前很少发病，一般不采用治疗手段。但研究表明，大剂量的阿苯达唑、甲苯达唑等苯并咪唑类药物疗效可靠。

【预防】

加强肉品卫生检疫，尽量避免饲喂生肉，控制和消灭环境中的鼠类。

五、华支睾吸虫病（clonorchiasis）

华支睾吸虫病是由后睾科、支睾属的华支睾吸虫寄生于犬、猪、猫等动物或人的胆囊及胆管内所引起的一种人畜共患寄生虫病。严重感染时表现为消化不良、食欲不振、消瘦、贫血等。该病主要分布于东亚诸国，在我国除青海、甘肃、内蒙古、新疆、西藏等少数干旱地区未见报道外，其余省市均有不同程度的流行。

【病原及生活史】

虫体背腹扁平，呈树叶状，前端稍尖，后端较钝。虫体长（10～25）mm，宽（3～5）mm。虫卵较小，形似电灯泡，棕褐色，上端有卵盖，后端有一个小突起，内含毛蚴。华支睾吸虫虫卵在第一中间宿主淡水螺体内经毛蚴、包蚴、雷蚴发育为尾蚴，尾蚴离开螺体进入水中，钻入第二中间宿主淡水鱼和虾体内，形成囊蚴。犬食入含有囊蚴的生的或未煮熟的鱼虾时遭受感染，囊蚴先在十二指肠发育成幼虫，再于胆管发育成成虫。

【症状与病变】

多数为临床症状不明显的隐性感染。严重感染时表现为消化不良、食欲减退、腹泻、消瘦、贫血或者水肿和腹水等。病程多呈慢性经过，病犬往往因并发其他疾病而死亡。

病变主要在肝和胆，剖检可见胆管变粗、胆囊肿大、胆汁浓稠呈草绿色。胆管和胆囊内有许多虫体和虫卵，肝表面结缔组织增生，有时引起肝硬化或脂肪变性。

【诊断】

在流行区域有以生鱼虾饲喂犬的习惯，当临床上出现消化不良、下痢等症状时应怀疑本病。在粪便中查到虫卵即可确诊，离心漂浮法检出率最高。

【治疗】

可用下列药物：①丙酸哌嗪，按50～60 mg/kg，混入饲料喂服，每天1次，5天为一疗程；②阿苯达唑，按30～50 mg/kg，口服1次或混饲；③吡喹酮，按10～35 mg/kg，口服1次。

【预防】

流行地区的犬定期检查和驱虫，在疫区禁止以生的或未煮熟的鱼虾饲喂犬，加强粪便管理，消灭第一中间宿主淡水螺。

六、复孔绦虫病 （dipylidiasis）

犬复孔绦虫病是由双壳科、复孔属的犬复孔绦虫寄生于犬的小肠内引起的一种常见绦虫病，幼犬严重感染时可出现食欲不振、消化不良、腹痛、腹泻或便秘、肛门瘙痒等症状。本病全球分布广泛。人偶尔也可感染，尤其是儿童。

【病原及生活史】

犬复孔绦虫为中型绦虫，新鲜时为淡红色，固定后为乳白色，虫体长 15 ～ 70 cm，宽 2 ～ 3 mm。虫卵呈球形，卵壳薄，内含六钩蚴。犬是通过食入似囊尾蚴而发生感染的。似囊尾蚴寄生于跳蚤，偶尔寄生于羽虱。节肢动物作为中间宿主是通过摄入卵袋和虫体节片而发生感染的。

【症状与病变】

轻度感染时一般无症状。幼犬严重感染时可出现食欲不振、消化不良、腹痛、腹泻或便秘、肛门瘙痒等症状。少量虫体只造成轻微损伤，寄生数量多时可见肠黏膜炎症。剖检可在小肠内发现虫体。

【诊断】

检查犬肛门周围被毛上是否有犬复孔绦虫孕节；检查粪便中的孕节、虫卵和卵袋。若节片为新排出的，可用放大镜观察进行初步诊断；若节片已干缩，可用解剖针挑碎，在显微镜下观察到卵袋即可确诊。

【治疗】

可选用下列药物：①吡喹酮，5 mg/kg，内服 1 次；②氢溴酸槟榔素，1 ～ 2 mg/kg，内服 1 次；③阿苯达唑，10 ～ 20 mg/kg，每天口服 1 次，连用 3 ～ 4 天。

现多使用拜宠清等驱虫药，根据犬的体重选择适合的剂量服用即可。要注意药物成分，含有阿维菌素类的药物不能对牧羊犬使用。

【预防】

定期内外驱虫，及时正确地处理粪便，犬舍定期消毒灭虫。

七、犬巴贝斯虫病 （babesiasis）

犬巴贝斯虫病是由巴贝斯科、巴贝斯属的原虫寄生于犬的红细胞内引起的一种虫媒性血液原虫病。该病对犬的危害严重，仅次于病毒性传染病。病犬常表现出高热、贫血、黄疸、血红蛋白尿等症状，严重者死亡。该病呈全球性分布。

【病原及生活史】

主要病原为犬巴贝斯虫、吉氏巴贝斯虫、韦氏巴贝斯虫，我国报道的主要是吉氏巴贝斯虫，对良种犬尤其是军犬、警犬和猎犬危害很大。犬从血红扇头蜱引起感染。

（1）吉氏巴贝斯虫。吉氏巴贝斯虫在红细胞内呈多形性，多位于红细胞边缘或偏中央的位置，常见圆点状、指环形和小杆形，偶尔可见十字形虫体和成对的小梨籽形虫体。

（2）犬巴贝斯虫。犬巴贝斯虫为大型虫体，一般长 4 ～ 5 μm，虫体有梨籽形、圆形、椭圆形等多种形态。典型的虫体呈双梨籽形，以尖端相连成锐角，虫体内有一团染色质。

【症状与病变】

吉氏巴贝斯虫病常呈慢性经过，潜伏期为 14 ～ 28 天。发病初期，病犬不愿运动、四肢无力、精神不振。体温升高至 40 ～ 41 ℃，持续 3 ～ 5 天后转至正常，5 ～ 7 天后再次升高，呈不规则间歇热型。病犬食欲减退，出现黏膜苍白或黄染，有时出现血红蛋白尿。部分病犬有呕吐症状，眼有炎性分泌物。触诊脾肿大，肾脏肿大且有痛感。

【诊断】

根据流行病学资料和临床症状可做出初步诊断，确诊需要进行病原学检查，采用血涂片染色，显微镜下在红细胞内发现特征性虫体即可确诊。体外培养技术、血清学诊断和特异 PCR 检测均可进行诊断。

【治疗】

可选用下列药物：①三氮脒，按 3.5 mg/kg 肌内注射，连用 2 天。②硫酸喹啉脲，按 0.25 ～ 0.5 mg/kg 皮下或肌内注射，有时需隔日重复 1 次。如出现兴奋、流涎、呕吐等反应，可将剂量减为 0.3 mg/kg，多次给药。③咪唑苯脲，按 6.6 mg/kg 的剂量，配成 10% 溶液进行皮下或肌内注射，2 次用药应间隔 14 天，该药不可静脉注射。

【预防】

关键在于防止蜱叮咬，定期使用体外驱虫药。引进犬时要在非流行季节引进，避免从流行区引进。

八、利什曼原虫病（leishmaniasis）

利什曼原虫病是由锥虫科、利什曼属的多种利什曼原虫寄生于犬的网状内皮细胞内所引起的一种人畜共患寄生虫病。主要临床症状包括溃疡、脱毛、湿疹等。该病又称为黑热病，广泛分布于世界各地，目前已得到很好的控制。

【病原及生活史】

我国的致病种仅有杜氏利什曼原虫，有无鞭毛体和前鞭毛体 2 种形态。食血性白蛉为中间宿主。

【症状与病变】

临床症状常在感染数月后才出现，其表现也很不一致。皮肤型常局限在唇和眼睑部的浅层溃疡，一般能够自愈；内脏型比较常见，开始时由于眼圈周围脱毛形成特殊的"眼镜"，然后体毛大量脱落，并形成湿疹，利什曼原虫大量存在于皮肤中。还常见体温升高、贫血、恶病质、淋巴组织增生等症状。

【诊断】

根据临床症状，结合病原检查进行确诊。在病变处皮肤的涂片或刮片中通过淋巴结、骨髓穿刺可检出利什曼原虫的无鞭毛体。

（1）病原检查。可采用穿刺检查、动物接种和皮肤活组织检查。

（2）免疫学诊断。其包括 ELISA、间接血凝试验、对流免疫电泳、间接荧光试验等。

（3）分子生物学诊断。PCR 检测敏感性好、特异性高，但操作复杂。

【治疗】

葡萄糖酸锑钠为治疗黑热病的首选药物，行肌内注射或静脉注射，按 30 ～ 50 mg/kg，连用 3 ～ 4 周。戊烷脒可用于治疗抗锑剂或对锑剂过敏的病犬。

【预防】

主要在于保虫宿主的查治和媒介昆虫的控制。消灭传播媒介白蛉，可用溴氰菊酯喷洒，同时应加强人和动物的防护，避免被白蛉叮咬。

九、螨虫感染（acariasis）

螨虫感染主要是由疥螨、痒螨、蠕形螨等螨虫引起的体外寄生虫病。主要临床症状为瘙痒、脱毛、结痂等。该病在全球范围内广泛分布。

【病原及生活史】

螨虫病可通过带虫的动物或污染物直接传播。

（1）疥螨病是由疥螨科、疥螨属的疥螨引起的一种慢性皮肤病。疥螨体型很小，肉眼不易观察到，雌雄异体。虫体呈龟形，暗灰色。虫卵椭圆形，两端钝圆，透明，灰白色。

（2）痒螨病是由痒螨科、痒螨属的痒螨引起的一种慢性接触性皮肤病。成虫呈长圆形，灰白色，肉眼可见。虫卵呈椭圆形，灰白色。

（3）蠕形螨病是由蠕形螨科、蠕形螨属的犬蠕形螨寄生于犬的毛囊和皮脂腺引起的皮肤病。虫体自胸部至末端逐渐变细，呈细圆筒状。虫卵呈简单的纺锤形。

【症状与病变】

（1）疥螨病。临床上主要表现为剧烈瘙痒、脱毛、结痂、皮肤增厚、患部皮肤发红和消瘦等。寄生部位首先出现小结节，而后变为小水疱，病变部位奇痒。由于摩擦痒处使皮肤破损、液体渗出、结痂增厚，病变逐渐向四周蔓延扩散，一般先从头部开始，逐渐扩散至全身，幼犬尤甚。

（2）痒螨病。主要侵害犬的外耳道，引起大量耳脂分泌和淋巴液外溢，往往继发化脓。病犬不停地摇头、抓耳、鸣叫或摩擦耳部，后期可蔓延到额部及耳郭背面。

（3）蠕形螨病。毛囊周围组织出现炎症反应，称为蠕形螨性皮炎。往往在眼眶、头部、前肢和躯干部出现局灶性脱毛、红斑、脱屑，继发化脓性葡萄球菌感染后会出现不同程度的瘙痒。在一些慢性病例中表现出局部皮肤色素过度沉着。

【诊断】

（1）疥螨病、痒螨病。临床症状结合皮屑检查发现虫体，即可确诊。进行皮屑检查时，在患病部位与健康部位的交界处采取病料，要刮到皮肤轻微出血为止，在低倍显微镜下观察活动的虫体。

（2）蠕形螨病。确诊需刮取皮肤深部毛囊和皮脂腺处的皮屑进行检查，刮到皮肤轻微出血为止，在低倍显微镜下观察活动的虫体。

【治疗】

（1）口服、滴涂或注射药物，如伊维菌素、阿维菌素等。现多使用大宠爱等体外驱虫药，根据犬的体重选择适合的剂量使用即可。要注意药物成分，含有阿维菌素类的药物不能对牧羊犬使用。若有继发细菌感染可给予抗生素治疗。

（2）药浴。一般在温暖季节剪毛后的无风天气进行，根据情况选择药物（如溴氰菊酯等）、浸泡时间、药浴频次等。注意不要让犬误饮而中毒。

【预防】

定期驱虫，加强饲养管理，保持环境干燥清洁并定期消毒，发现患病犬及时隔离治疗。

十、犬虱病（phthiriasis）

引起犬虱病的主要有犬毛虱和犬长颚虱两种，其主要寄生于犬的体表。患犬出现瘙痒、脱毛、贫血等症状。该病呈全球性分布。

【病原及生活史】

犬毛虱呈淡黄色，表面有褐色条纹，头端钝圆，其宽度大于胸部，长1.074～1.92 mm。犬长颚虱呈淡黄色，头部较胸部窄，呈圆锥形，长1.5～2.0 mm。犬因直接接触感染动物或污染物而感染。

【症状与病变】

犬毛虱以宿主的毛和表皮组织碎片为食，故可导致犬瘙痒不安。犬啃咬瘙痒处可造成损伤，引起脱毛，继发湿疹、丘疹、水泡、脓包等，严重时食欲下降、睡眠不良，导致犬营养不足。长颚虱吸血时可分泌有毒的液体，刺激犬的神经末梢，产生痒感。大量感染时引起化脓性皮炎，可见犬脱毛或掉毛。病犬精神沉郁，体弱消瘦，还可能因慢性失血而贫血。此外，病犬对其他疾病的抵抗力变差。

【诊断】

肉眼观察犬的毛发，可见微小的、黑褐色的移动虫体。

【治疗】

隔离病犬，按0.2 mg/kg皮下注射伊维菌素；患部皮肤涂擦0.1%林丹或0.5%西维因。许多杀虫剂对犬虱均有效，如福来恩。也可用去虱药液给犬洗澡。

现多使用大宠爱等体外驱虫药，按相应的体重选择合适的规格，依照药物说明书点涂于皮肤或口服即可。要注意药物成分，含有阿维菌素类的药物不能用于牧羊犬。

【预防】

定期驱虫，用去虱药液洗澡，少去草地等虱子多的地方。

十一、犬蚤病（pulicosis）

犬蚤病是由蚤科、栉首蚤属的犬栉首蚤寄生于犬体表所引起的疾病。临床症状表现为瘙痒、红斑、脱毛、落屑等。该病呈全球性分布。

【病原及生活史】

蚤为小型无翅昆虫，呈棕褐色，虫体左右扁平。头部为三角形，胸部有3对粗大的足，使其有很强的跳跃能力。成虫很少离开宿主，雌虫产的卵从犬体表脱落至环境中孵化，幼虫以有机物残渣片和成虫粪便为食，并在外界环境中化蛹，成虫受震荡或机械性挤压后破茧而出，跳于犬体表寄生。

【症状与病变】

由于成蚤叮咬吸血，刺激皮肤引起过敏反应，表现为红斑、痘疹，病犬瘙痒、不安、啃咬患处。有时发生过敏性皮炎、脱毛、落屑、出现痂皮、皮肤增厚、色素沉着等。

【诊断】

根据临床症状，结合病原检查做出诊断。可在被毛间或皮肤上发现蚤，一般在头部、臀部和尾尖部附近蚤最多。

【治疗】

可用外用双甲脒、伊维菌素、除虫菊酯类、吡虫啉等杀灭蚤类。

【预防】

保持环境卫生，定期消毒，定期驱虫，给犬佩戴杀蚤药物项圈。

第三节　内　科　病

内科病指的是非传染性内部器官的疾病。犬的常见内科疾病很多，且临床表现复杂多样，易误诊、漏诊，其诊治更看重临床实践经验和知识的积累。作为搜救犬的犬只都是通过严格挑选的，且多为中青年犬，发生先天性、慢性、老年性和遗传性疾病的可能性低，但因训练强度、工作环境等，搜救犬更常出现急性损伤，如急性胃肠炎、胃扭转等内科问题，继而影响搜救犬的工作状态。因此，本节仅列述搜救犬易发生的内科疾病，以便训导员对搜救犬的内科病进行科学防治。

一、口炎（stomatitis）

口炎是指口腔黏膜的炎症。病犬表现进食困难、痛苦不安、流涎等临床症状。

【病因】

（1）物理性因素。犬误食或长时间未清理口腔，口腔内的异物、牙垢、牙结石或锐利的牙齿直接刺伤口腔黏膜，引起发炎。

（2）化学性因素。犬接触或误食强酸、强碱、强氧化剂等有剧烈刺激性、腐蚀性的化学药物后，口腔黏膜损伤。

（3）微生物因素。犬机体抵抗力下降时，口腔黏膜被细菌、真菌或病毒感染后导致发炎。

（4）继发性因素。犬维生素B族缺乏、营养代谢紊乱、贫血、肾功能衰竭、肾上腺皮质机能亢进，或患有糖尿病、免疫介导性疾病等全身性疾病及中毒后可继发口炎。

【症状】

病犬咀嚼障碍、流涎并伴有严重的口臭，下颌淋巴结明显肿胀。犬口腔及周围敏感。进食疼痛，个别犬因此厌食。

此外，根据犬口炎时口腔黏膜的形态可将犬口炎分为4种类型。

（1）溃疡性口炎。口内各处黏膜见广泛潜在性溃疡病灶。

（2）坏死性口炎。口腔黏膜上有大量坏死的组织，溃疡处可见覆盖有污秽的灰黄色油状伪膜。

（3）真菌性口炎。口腔黏膜遍布灰色的斑点。周围潮红，表面覆盖有不可撕去的白色被膜。

（4）水泡性口炎。口腔黏膜有界限清楚的小水泡，后期水泡可转变为鲜红溃疡面。

【诊断】

为了减轻病犬不适，应在麻醉后进行详细检查。结合临床症状并通过病料分离培养以确定病因。若麻醉后犬仍无法张口，可通过对上下颌骨进行X射线检查，检查其口腔内是否存在异物刺激口腔黏膜。

【治疗】

对症治疗以防止病情恶化，同时排除病因、加强护理。治疗时，首先需要对病犬牙齿进行清洁、修整，用2%～3%硼酸或洗必泰抗菌溶液冲洗口腔，每天1～2次，减少刺激因素。严重时，需拔牙缓解症状。在护理方面，饲喂清洁饮水，补喂富含营养的奶、汤等流质食物。可在食物中添加维生素A和维生素B，增强黏膜抵抗力。若病犬无法进食，则需要进行静脉补液，保证能量摄入。溃疡性口炎，用5%碘甘油涂拭口腔溃疡面，促进愈合。细菌引起的口炎，应给予广谱抗生素。若是继发于其他疾病的口炎，则应积极治疗原发病。

二、急性胃肠炎（acute gastroenteritis）

急性胃肠炎指的是胃黏膜和肠黏膜的急性炎症。病犬主要表现呕吐、腹泻、厌食、虚弱、脱水、精神沉郁、腹痛等症状。

【病因】

突然更换食物、误食异物、带毒植物、化学品、刺激性药物及变质、劣质食物，感染病毒、细菌、寄生虫等均可引起急性胃肠炎。

【症状】

犬常急性呕吐、腹泻、厌食、虚弱、脱水、精神沉郁、腹痛。呕吐物为食物和胆汁，前期呈泡沫状，后期可见呕吐物中含少量血液或脓水。偶见低血糖和昏迷。听诊提示病灶肠道蠕动音增强，但随着病情的发展，出现反射性肠音降低。严重胃肠炎可见犬持续性呕吐、急剧消瘦，电解质紊乱、碱中毒。发热多见于病原微生物引起的胃肠炎。

【诊断】

问诊了解犬的食物和病史，结合体格检查、影像学检查和临床病理学检查，排除消化道异物、阻塞、细小病毒性肠炎、尿毒症等并发呕吐的疾病后，可初步诊断为急性胃炎。

禁食后通过内窥镜观察胃黏膜可确诊该病。此外，还应进行粪便漂浮及直接粪检，筛查寄生虫。若犬发热、血便，则还需进行粪便 ELISA 检测，筛查犬细小病毒。

【治疗】

肠外补液，禁食 1～2 天，其间给予少量饮水或让其舔食冰块以控制呕吐。若有顽固性呕吐等严重临床症状，则用马罗皮坦、昂丹司琼等中枢性止吐药治疗。待病情好转，可少量多次给予冷水，饮用后无呕吐再饲喂少量刺激性小的食物。治疗 5～15 天，逐步恢复正常饮食。

对严重脱水的犬或大量失血的犬进行静脉补液，分 2 次静脉注射或腹腔内注射等掺糖盐水［66 mL/（kg·d）］。对脱水较轻的犬，口服或皮下补液即可。补充钾离子，预防或治疗低钾血症。

治疗时应尽量避免口服给药。若进食时剧烈呕吐或腹泻，则限制进食。若犬发热、嗜中性粒细胞减少或出现败血性休克，则使用广谱抗生素及糖皮质激素（地塞米松，2～10 mg/kg）治疗。若血糖过低，则静脉滴注 2.5%～5% 葡萄糖溶液。若为传染性胃肠炎，则应及时对犬舍、犬的用品等可能被污染的物品进行全面消毒。针对寄生虫引起的胃肠炎，应及时为病犬驱虫。

三、胃肠内异物（gastric foreign bodies）

犬胃肠内异物是犬吞食石头、木头等一些不易消化的异物后，异物长期滞留在胃肠道内无法消化也无法通过肠道排出，使胃肠道黏膜受损，引起胃肠道功能障碍的一种疾病。犬常表现间断性呕吐、贪食但少食、进行性消瘦。此外，异物的形状和材质不同病犬可能表现出不同的临床症状。

【病因】

犬吞食石头、木头、铁块、线、钉子等异物所致，可由异食癖引发犬患有狂犬病、寄生虫病、胰腺疾病、缺乏维生素或微量元素时会伴有异食癖。个别犬天生有吞食异物的习惯。

【症状】

由于胃肠道内有异物，犬进食时，发生间断性呕吐。胃肠道功能障碍，犬贪食但少食，逐渐消瘦。个别犬仅表现为厌食或不表现临床症状。根据胃肠道中的异物，表现出不同的临床症状。当胃肠道内异物大且硬时，会刺激胃黏膜和肠黏膜导致胃肠炎。若异物尖锐或具有刺激性，则可能导致胃肠黏膜溃疡、出血甚至穿孔。若为线性异物，则需要尽快处理，对于幼犬而言，线性异物有概率引起肠道穿孔，继发腹膜炎。

【诊断】

通常根据急性或间歇性呕吐的临床症状进行诊断。可采用影像学辅助诊断，如X射线、造影等，帮助诊断异物的大小。诊断胃肠道异物的最佳方法为内窥镜，通过胃镜和肠镜可以更直观地观察异物的性质及位置。

【治疗】

对于针、钉子等小且尖锐的异物，可让犬吞服装于胶囊中浸泡过牛奶的脱脂小棉球、小肉块等，包裹异物便于排出，同时保护胃黏膜和肠黏膜，减少刺激。当异物光滑且数量不多时，可根据体重，分别静脉注射和皮下注射阿扑吗啡（0.02 mg/kg，静脉注射；0.1 mg/kg，皮下注射）或肌注赛拉嗪（1 mg/kg）进行催吐。若异物小且光滑，可结合X射线检查和内窥镜来清除异物。若以上方法均治疗无效，则进行胃切开术或肠切开术将异物取出。若病犬有由营养不良引起的异食癖，则应在食物中添加微量元素和维生素。

四、胃扩张–扭转（gastric dilatation-volvlus）

胃扩张–扭转指的是胃内的大量内容物（气体、液体、食糜）引起胃急性扩张，并使幽门顺时针扭转，挤压在肝脏、食道和胃底之间。一般情况为胃扩张继发胃扭转，继而加剧胃扩张。该病发病急、病程快，致死率高，严重时可导致休克。若无急救，病犬常在 1 ～ 2 天死亡。该病多发于 2 ～ 10 岁的大型犬及胸部狭长的犬，如搜救犬常见品种德国牧羊犬。

【病因】

具体病因尚不明确。但进食高脂肪食物或吞下大量空气后，极易发生胃扩张－扭转。因此，切忌让犬饱食后剧烈运动。

【症状】

病犬突然无法站立、剧烈腹痛、口吐白沫、精神沉郁。该病典型症状为干呕，可能伴有前腹扩张。肌肉发达的犬常无法看见腹胀。严重时，犬肠系膜充血、心输出量减少、休克、继发 DIC。病犬因胃部挤压胸腔导致呼吸困难，心跳过速，并随病情发展愈发严重。由于胃扩张，可见腹围增大，腹部叩诊音为鼓音或金属音。触诊，可在腹部摸到形似气球状囊袋的胃部，冲击胃下方有拍水音。

【诊断】

注意该病的诊断应在初步治疗缓解胃内压后再进行。诊断时需要结合临床症状、X 射线检查和胃导管检查诊断。X 射线检查，腹背位和右侧位可见胃部被液体或食物充满，胃明显胀大，胃幽门移位。

【治疗】

治疗该病时应优先静脉滴注羟乙基淀粉或高渗盐水，并注射皮质激素类激素，应用氟尼辛葡甲胺（0.5 ～ 1.1 mg/kg），防止犬发生休克。对于呼吸困难的犬，立刻用胃导管排出胃内容物，以缓解症状。如胃导管插入无法进行，用针头在左侧肋弓后部穿刺并放气。待动物病情缓解后再进行胃复位术或胃固定术。

混合静脉滴注林格氏液（20 ～ 50 mL/kg）、氨苄青霉素（20 ～ 50 mg/kg）或头孢唑林（20 mg/kg）。根据粪便形态和 X 射线检查判断胃有无蠕动，若胃无法蠕动，则皮下注射甲基硫酸新斯的明 0.5 ～ 1 mg，每天 3 次。

五、急性胰腺炎（acute pancreatitis）

急性胰腺炎是指胰腺伴有以中性粒细胞为主的细胞浸润，胰腺出现不同程度的腺泡坏死、炎症和水肿、周围脂肪坏死的急性发作性疾病，其特征为突发性剧烈腹痛、休克和腹膜炎。拉布拉多猎犬是急性胰腺炎多发品种。

【病因】

胰腺炎的病因尚未明确。其病因可能与遗传、肥胖、胆管疾病、传染病、十二指肠胃反流、药物、免疫介导等因素有关。

【症状】

该病的特征为消化不良综合征。病情严重时，继发腹水、器官衰竭和DIC。急性胰腺炎病例可见嗜睡，精神沉郁，厌食，结膜充血，严重呕吐并伴随腹部剧痛，犬拱背，腹部紧张，间歇式腹泻或便血，脱水甚至休克。由于胰腺功能障碍，犬排脂肪便和蛋白便，个别犬出现蛋白尿。大部分病例伴有黄疸。

【诊断】

目前确诊胰腺炎仍无特征性指标，因此需要将各项指标综合来诊断胰腺炎。

（1）血常规检查。大部分犬可见中性粒细胞增加，严重病例可见血小板下降。

（2）血液生化检查。常见血清脂肪酶、淀粉酶、肝细胞酶和胆汁淤积酶活性升高，高胆红素、高胆固醇、高甘油三酯、高尿素氮和肌酐升高。

（3）超声检查。通过超声检查可见胰腺出现弥漫性低回声，周围组织回声有不同程度增强。慢性胰腺炎犬可能无明显异常。

（4）其他。淀粉酶和脂肪酶催化分析、胰脂肪酶免疫反应性进行诊断。

此外，粪便镜检见脂粒和肌纤维，X射线胶片消化实验阴性，血清维生素 B_{12} 浓度明显降低，是辅助诊断慢性胰腺炎的重要依据。

严重胰腺炎形成腹水的病例，可检查出腹水中高淀粉酶活性。

【治疗】

禁食，避免刺激胰腺，同时用阿托品抑制胰腺分泌，必要时可以给予硫糖铝和制酸剂阻断剂保护胃黏膜。注射 1 mg/kg 赛瑞宁止吐，若为口服片则为 2 mg/kg，最多连用 5 天。禁食时，静脉滴注乳酸林格氏液补液，注射葡萄糖和复合氨基酸纠正电解质紊乱。按需给予镇痛新、布托啡诺进行镇痛，注射广谱抗生素预防感染。对于出现黄疸的病例，可以使用抗氧化剂和熊去氧胆酸等药物治疗。

六、急性肝炎（acute hepatitis）

急性肝炎是肝实质细胞急性弥漫性变性、坏死和炎性细胞的浸润。病犬出现腹痛、腹水、腹部膨大等临床症状。拉布拉多猎犬、杜宾犬是铜贮积性肝病的多发品种。

【病因】

引起犬急性肝炎的病因主要为以下 3 种：

（1）毒物。重金属或含氯仿、四氯乙烯、木糖醇、双甲脒、米尔贝肟等肾毒性化学物的摄入都可致中毒性肝炎。

（2）感染。犬 1 型腺病毒、钩端螺旋体、细菌、巴贝斯虫等微生物及寄生虫侵入肝脏或毒害肝脏。

（3）药物过敏。反复使用氯丙嗪、睾酮等药物会引起急性肝炎。

铜贮积性肝病与品种遗传有关。此外，犬的食物和居住环境也可能诱发铜贮积性肝病。

【症状】

犬肝炎时可表现腹痛、腹水、腹部膨大、肝肿大、黄疸、门静脉高压等症状。病犬食欲不振甚至废绝、口渴、呕吐、脱水、低热乏力、贫血、明显消瘦。肝细胞受损严重时，血氨升高，可致肝性脑病。排灰白绿色恶臭粪便或带血黑粪，和豆油色小便。病重犬继发 DIC，严重可导致休克性死亡。急性肝炎严重时，继发门静脉高压导致腹腔积液、肾衰。

【诊断】

急性肝炎无特征性临床表现，生化结果见丙氨转氨酶、天冬氨酸转氨酶、ALP 碱性磷酸酶活性升高，乳酸脱氢酶活性显著升高；低血糖，低血钾，球蛋白增加，高胆红素血症，胆固醇降低。严重病例会出现氨中毒，血液凝固时间、出血时间、凝血酶原时间（prothrombin time，OSPT）明显延长。超声检查个别病例发现肝脏肿大，弥散性肝脏回声下降。最近的用药史、毒素接触史或免疫情况可作为辅助诊断的重要依据。

【治疗】

急性肝炎的治疗原则是去除病因，促进肝功能的恢复。

保证犬能安静休息，食物以碳水化合物为主，可添加少量高品质蛋白质。静脉滴注 10 ～ 100 mL 的 5% ～ 25% 葡萄糖注射液、50 ～ 200 mL 的林格氏液和 20 ～ 100 mL 复合氨基酸混合液。注意，如犬出现神经症状，禁用氨基酸制剂。氨中毒时，皮下注射 20% 谷氨酰胺 5 ～ 20 mL 及鸟氨酸制剂 0.5 ～ 2.0 mL。给予小肠无法吸收的抗生素，减少肠道细菌产氨。对于微生物感染引起的肝炎，常给予氯霉素进行治疗。若为钩端螺旋体或巴尔通体的感染，可使用红霉素（20 mg/kg，body weight，8 ～ 12 h/次）治疗。

七、肺炎（pneumonia）

肺炎指的是肺实质的炎症。肺区听诊可闻及湿啰音，X 射线检查可见肺泡型、支气管型、间质型等特殊征象。犬患肺炎时，常表现出高热、呼吸障碍的临床症状。高粉尘环境可引起犬的吸入性肺炎。

【病因】

（1）病毒性。犬流感病毒感染。搜救犬常为单一品种集中饲养，且犬长期处于高应激环境中，易导致流感集中爆发。

（2）细菌性。由细菌感染肺部引起，其中，支气管败血波氏杆菌是引起幼犬肺炎的重要因素之一。此外，其他类型的肺炎均可继发细菌性肺炎。

（3）真菌性。真菌感染所致，轻微的感染可自愈，只有短时间的呼吸道症状。严重可引起肺部甚至全身疾病。

（4）寄生虫性。可由弓形虫、嗜气毛细线虫、狐环体线虫寄生引起。

（5）吸入性。其又称为异物性肺炎。刺激性气体、粉尘、食物逆流误入呼吸道所致。

（6）其他。过敏、天气寒冷潮湿或支原体感染也可致肺炎。

【症状】

发病初期体温快速升高至 40 ℃，脉搏快，个别犬不表现发热。病犬嗜睡、厌食、流鼻液，间歇性、进行性咳嗽，运动不耐受，呼吸力度增加，甚至表现腹式呼吸，黏膜潮红或发绀。肺区听诊有局部肺泡音增强，闻及湿啰音或捻发音，但严重时肺泡呼吸音逐渐减弱直至消失，消失区域周围肺泡音反而增强，叩诊为浊音。

【诊断】

（1）病毒性肺炎。X 射线检查，可见胸片表现支气管间质性或支气管肺泡型。可通过血清学试验、酶联免疫吸附试验、病毒分离和 PCR 检测确诊。还可选择通过气管灌洗，进行鉴别是否继发细菌性感染。

（2）细菌性肺炎。气管灌洗可以辅助指导抗生素用药并提高确诊率。血涂片可见核左移，中性粒细胞增加并呈中毒性变化。X 射线胸片表现出的肺型与病因有关。细菌性肺炎常表现为单个肺炎的肺泡型变化。

（3）真菌性肺炎。X 射线胸片见弥漫性、粟粒样结节和间质型肺炎，也可能出现肺部实变、肺泡型或支气管间质型。支气管肺泡冲洗后用细针抽取灌洗液，依据灌洗液的细菌培养和细胞学检查结果进行诊断。

（4）寄生虫性肺炎。大多数因气管灌洗或粪检发现虫卵而确诊，X 射线检查一般为正常，也可能为支气管型或支气管间质型。

（5）吸入性肺炎。通过支气管镜检查气管异常或异物。结合 X 射线检查结果确诊。典型胸部征象为弥散性间质型，伴有肺实变和肺泡型。偶见结节性间质型。可用支气管镜检查气道，辅助移除较大的固体异物，去除病因。

【治疗】

肺炎的治疗多为抗生素和支持疗法相结合，同时还需去除病因。

初期可以给予氨基糖苷类药物或联合使用广谱抗生素，也可用美罗培南进行抗菌治疗。对于败血症的动物，初期治疗应皮下或静脉注射广谱抗生素，如氨苄西林（20 mg/kg，每 8 h/次）。在初期治疗后应根据细菌培养的药敏试验结果调整用药。临床症状消失后，坚持使用抗生素 1 周，以免复发。灭菌生理盐水雾化和静脉输液，可保持气道湿润，应每天雾化 2 ～ 6 次，每次10 ～30 min 为宜。犬呼吸窘迫时，可根据需要供给氧气。对于继发支气管痉挛的可听到喘鸣音的动物可使用支气管扩张剂。

八、扩张型心肌病（dilated cardiomyopathy）

扩张型心肌病是指以心肌收缩力降低、心室扩张为特征，伴有心律失常、充血性心力衰竭的疾病。患扩张型心肌病的犬运动耐受能力大幅下降、嗜睡，肌肉组织减少。杜宾犬、圣伯纳犬、纽芬兰犬因遗传常患该病。

【病因】

发病原因尚未明确。有遗传倾向，多发于大型和巨型犬，如搜救犬常用犬种中的杜宾犬、圣伯纳犬、纽芬兰犬等。

【症状】

犬扩张型心肌病症状期的临床症状通常为嗜睡、呼吸急促、运动不耐受、咳嗽、厌食、肌肉组织减少、腹水、脾脏增大或昏厥。听诊，犬可能心律失常，表现心杂音或奔马音，还可能存在细微的二尖瓣、三尖瓣反流音。隐匿性扩张型心肌病不表现临床症状，但犬可能随时猝死，通常通过心超确诊该病。该病末期，黏膜苍白，毛细血管再充盈时间延长。

【诊断】

可见循环中利尿肽和心肌钙蛋白增加。严重心衰时，犬低蛋白血症、低钠血症和高钾血症，肝酶轻度升高。X 射线检查早期无明显异常，晚期见心肌增厚，全心尤其是左心显著扩张，肺静脉扩张，肺水肿。

心电图检查一般显示 P 波增宽并有切迹的窦性心律，但也可为房颤。

QRS 波可能升高，QRS 波变宽，R 波降支变缓，S-T 段模糊不清。超声心动图见二尖瓣定位点 E 至室中隔间距变宽，主动脉根运动减弱，这些是该病的典型症状。症状期时，收缩末期容量指数大于 80 mL/m^2。多普勒超声心动检查可见轻度到中度对房室瓣反流。隐匿期时，舒张期左心室内径大于 4.6 cm（体重小于 42 kg）或超过 5 cm（体重大于 42 kg），收缩期左心室内径大于 3.8 cm，二尖瓣定位点 E 至室中隔间距大于 0.8 cm 或室性早搏则代表可能发展为症状期。

【治疗】

（1）症状期。给予匹莫苯丹、血管紧张素转换酶抑制剂和呋塞米。也可使用螺内酯进行治疗。

（2）隐匿期。可给予血管紧张素转换酶抑制剂延缓充血性心力衰竭。可用索他洛尔、胺碘酮、联合美西律和阿替洛尔或联合使用普鲁卡因胺和阿替洛尔。

九、尿石症（urolithiasis）

尿石症是指无机或有机盐类结晶积聚形成结石，结石刺激胱黏膜或堵塞肾盂和输尿管所引起一系列临床症状的疾病。犬常表现排尿困难、尿频、尿淋沥及血尿。最常见的尿路结石为草酸钙结石和鸟粪石。

【病因】

饮水不足、饲喂酸化日粮、日粮矿物质含量高、犬肥胖都可能导致草酸钙尿结石。奇异变形杆菌或中间葡萄球菌的感染可引起鸟粪石结石。

【症状】

下泌尿道结石常表现尿频、尿淋沥、排尿困难及血尿。上泌尿道结石的临床症状无统一的临床表现，常表现血尿或急性肾衰。输尿管结石无明显临床症状。

膀胱结石引起的血尿特征为尿量少，后段尿中有不均匀的少量血液或血凝块。

【诊断】

尿液检查可见大量结晶，其中鸟粪石结晶为棱柱状，草酸钙结晶为椭圆形。此外，尿中还可见红细胞、白细胞、蛋白质、细菌等。

通过 X 射线检查可直观观察到犬的尿结石的形状及部位，犬的鸟粪石结石通常在肾盂内，呈鹿角形。还可结合超声检查，观察犬的肾盂和输尿管状况进行诊断。根据需要可进行尿道造影。当结石在肾盂时，超声检查可见肾盂积水和肾萎缩。

通过导尿管、手术、挤压膀胱或碎石术等方式取出尿结石，并对尿结石进行结晶学分析，鉴定其中的矿物成分。可以在偏振光学显微镜下通过光学结晶照相术的油浸法进行定量结晶分析。尿液检查有鸟粪石结石的犬尿液pH升高，氨含量升高。

【治疗】

可通过药物溶解鸟粪石，同时使用抗菌药物防止继发感染。但药物无法溶解草酸钙结石，因此需要通过腹腔镜、排空水推进术、膀胱切开术、YAG激光碎石术等方法取出结石。也可以根据动物情况采取保守治疗。静脉补液并给予利尿剂，促进动物排尿。在保守治疗时观察血清肌酐和尿素氮浓度评估治疗效果。排空水推进术常用于较小且表面光滑的结石，促进其通过尿道排出，术前应进行全身麻醉以防发生尿道痉挛，注意不要使膀胱过于充盈以防膀胱破裂。

十、膀胱－尿道炎（urocystitis-urethritis）

膀胱－尿道炎指的是膀胱黏膜和尿道黏膜的炎症。该病的临床特征为尿频、尿痛，尿中有血凝块。患犬发热、嗜睡，尿道黏膜糜烂。严重的膀胱－尿道炎可引发尿毒症，危害犬的生命。

【病因】

常由肾脏下行性感染或尿道上行感染引起。膀胱结石、膀胱肿瘤、肾组织损伤碎片、尿液蓄积、物理性或化学性刺激损伤膀胱黏膜或尿道黏膜均可致该病。此外，该病可继发前列腺炎等生殖系统疾病。

【症状】

病犬的典型症状为尿频和尿痛，排尿量少，排尿姿势常为弓背，尿液有浓烈的氨臭味。在后段尿液中有血凝块或黏液，尿液浑浊。母犬阴唇不断张开、尿液浑浊，公犬阴茎频频勃起。触诊膀胱，膀胱空虚，犬疼痛不安。病重时或发生化脓性病变时，犬体温升高，精神沉郁，嗜睡，呕吐，脱水，食欲不振，尿道黏膜糜烂、溃烂甚至坏死，形成瘢痕引起尿道狭窄，最终尿道破裂，尿液进入腹部下方导致犬中毒，甚至引起尿毒症。

【诊断】

尿液镜检可见含有大量膀胱上皮细胞、白细胞和微生物。若观察到肾小管管型，则代表原发感染处在肾脏，此时犬血尿素氮和肌酐升高，甚至表现非再生性贫血。尿液细菌培养可确诊感染菌的类型并进行药敏实验确定用药方案。X射线检查可能观察到尿结石，严重病例X射线检查可见尿道狭窄。超声检查可见膀胱壁增厚，膀胱内有回声增强的絮状物。

【治疗】

初期给予广谱抗生素（氨苄青霉素、喹诺酮类药物等）或呋喃旦啶、先锋霉素1～2周，之后根据药敏实验结果选择致病菌敏感的抗生素，以控制感染。此外，需要用0.1%雷弗佛奴尔溶液或0.1%洗必泰溶液冲洗尿道。

病犬应口服氯化铵（100 mg/kg），每天2次，酸化尿液净化细菌，增加犬的饮水量，并给予添加食盐的日粮，帮助膀胱净化和冲洗。寻找病因并消除。

十一、糖尿病（diabetes mellitus）

糖尿病是指胰岛素分泌不足导致碳水化合物代谢障碍的低胰岛素血症。其临床特征为多食、多尿、烦渴、血糖升高和体重减轻。肥胖的犬更易发生该病。

【病因】

具体病因尚未明确。可能与遗传、性别、感染、胰岛素拮抗性疾病、药物、肥胖、免疫介导和胰腺炎等因素有关。此外，雌犬绝育后可能出现暂时性糖尿病。

【症状】

病犬多表现多饮、多尿、多食、体重下降，俗称"三多一少"。可能并发白内障、肝中毒、酮症酸中毒、低血钾。若病犬不存在或仅有轻度酮症酸中毒，常无明显临床症状，仅表现肥胖，被毛状态差。

【诊断】

通过血糖仪和尿液检查发现犬存在持续禁食性高血糖和糖尿可确诊该病，注意区分应激性高血糖。也可通过血清果糖胺浓度明显增高，观察连续血糖曲线诊断。

若尿液检查发现酮尿，则犬患糖尿病酮症；若犬同时表现代谢性酸中毒，则为犬患糖尿病酮症酸中毒，严重可表现顽固性呕吐、黏液性腹泻，甚至酮酸中毒性昏迷。确诊糖尿病后，应进行更全面的检查筛查并发症。

【治疗】

给予外源性胰岛素控制血糖，首次治疗给予人源性中效胰岛素0.2～1 U/kg，每天2次，同时监测胰岛素注射时和注射后3 h、6 h和9 h的血糖水平。病情稳定后，睡前皮下注射甘精胰岛素、地特胰岛素，每天1次，关注犬的血糖曲线，维持犬全天血糖在 100 ～ 250 mg/dL。注意用量，避免引起低血糖，若出现低血糖则需口服葡萄糖浆或静脉注射 50% 葡萄糖。此外，还需注意药品的保存，保证治疗效果。治疗后若犬血糖仍无法控制，可根据体型每周增加 1 ～ 5 U/次的胰岛素剂量。

让犬保持适当运动，促进外源性胰岛素的利用。若犬肥胖，提供高纤维低碳水、低脂肪日粮。但犬消瘦时应饲喂高能量、低纤维日粮，待体重恢复正常后再换高纤维日粮维持体重。

当犬因多尿造成脱水时，静脉滴注等渗溶液。当犬出现酮症酸中毒时，静脉滴注 5% 碳酸氢钠溶液治疗。当犬低血钾时，输液中添加氯化钾，维持血钾水平。若有并发症，及时治疗，避免影响组织对胰岛素的敏感性。禁用胰岛素拮抗性药物。

第四节　外　科　病

搜救犬作为用于搜查与救援的工作犬，其工作环境多为发生火灾、雪灾、地震等灾害的恶劣、复杂的环境，因此搜救犬极易受到外界因素对其造成的伤害，如骨折、烧伤、冻伤、刺伤等。这些疾病出现时，如果训导员能在现场及时、合理、简单处理病犬，可大大利于专业兽医的治疗，减轻对搜救犬的伤害和降低留下后遗症的可能性。本节将从病因、症状和治疗等方面简单列述搜救犬常见的外科疾病。

一、外科感染（surgical infection）

外科感染是指有机体对致病菌的入侵、生长和繁殖的一种反应性病理过程，是有机体与侵入其体内的致病菌相互作用所产生的局部和全身反应，也是感染和抗感染斗争的结果，占所有外科疾病的 1/3 ～ 1/2。

【病因】

主要的病原菌有葡萄球菌、化脓性链球菌、大肠杆菌、铜绿假单胞菌、腐败梭菌等。病原菌的感染方式有 2 种，分别为外源性感染和隐性感染。外源性感染是指致病菌通过皮肤或黏膜的伤口，经血液循环进入组织或器官中形成感染；隐性感染是指侵入有机体内的致病菌未被消灭而隐藏存活于组织中，当机体抵抗力低时会发生感染。绝大部分外科感染是由外伤或手术后创口愈合不当引起的。

【症状】

外科感染的症状分为局部症状和全身症状。局部症状为红、肿、热、痛、机能障碍；淋巴结肿胀，组织坏死，脓汁形成。全身症状在轻度感染时体现为症状轻微，一般状为体温升高，呼吸频率、脉搏频率加快，精神沉郁，食欲减退，于犬身上体现鼻镜干燥，代谢紊乱；严重感染时出现水和电解质平衡紊乱，血液检查见白细胞数增多，出现核左移，贫血、脱水等，出现代谢性酸中毒，微循环障碍，组织器官变性坏死，乃至休克、死亡。

【治疗】

（1）局部治疗。使感染局限化，防止扩散；抑菌，减少组织的坏死和毒素的吸收，排出脓汁和创液；止痛消炎；增强机体抵抗力，促进组织再生。

（2）全身治疗。合理使用抗生素、碳酸氢钠、葡萄糖，大量供水和补给维生素，进行补液或输血，加强病犬的营养与护理。

（3）对症治疗。保肝、利尿、强心。通过静脉输液葡萄糖（保肝解毒）、林格氏液、生理盐水等来调节水和电解质的平衡，使尿量增加，促进排出有毒物质；当炎症剧烈、渗出增多时可以补钙，如葡萄糖氯化钙、10%葡萄糖酸钙等。当严重感染、失血多的时候可以通过输血来补充红、白细胞、补体、抗体等，使血液凝集能力加强，血压升高。

二、损伤（trauma）

损伤是指外界因素作用到机体，使组织器官在解剖结构上与生理功能上受到破坏，伴发局部或全身反应。常见的损伤有创伤、挫伤、血肿、淋巴外渗、烫伤、烧伤、冻伤、化学性损伤等。

【病因】

（1）由有形物体的作用引起的损伤称为机械性损伤。

（2）由烧伤、冻伤、电击、放射等因素引起的损伤称为物理性损伤。

（3）由酸碱刺激、化学性热伤等引起的损伤称为化学性损伤。

（4）由细菌、毒素等引起的损伤称为生物性损伤。

（一）创伤（wound）

【症状】

出血、创口裂开、疼痛、机能障碍。

【治疗】

基本原则为积极抢救，防止休克，防止感染，纠正水与电解质紊乱，促进创口愈合和功能恢复；应当先治疗全身性疾患，清洁创围防止感染，清理创腔且应根据污染程度选择做必要的缝合或者不缝合，后续再进行检查和处理。止痛常用替泊沙林（卓比林）片剂 10 mg/kg、力莫敌犬用关节消炎止痛片 4.4 mg/kg。

（二）血肿（hematoma）

【症状】

潜在性血肿的肿胀速度快，局部温度升高，波动明显，质软。4～5天后血液凝固，质坚实，周围硬，中间有波动、捻发音。后期穿刺有血液。局部淋巴结肿大，可能有全身症状。深在性血肿的局部温度、波动不明显，后期易形成脓肿。

【治疗】

使病犬保持安静，进行伤部消毒。初期用醋酸铅冷敷，包扎压迫绷带，注射止血药，4～5天后，切开，排出血凝块、坏死组织，结扎仍在出血的小血管，开放或缝合（彻底处理）。后期切开，腔内喷洒碘仿醚、磺胺血等。

（三）淋巴外渗（lympho-extravasation）

【症状】

肿胀逐渐增大，周围炎症不明显，局部温度不升高，不感觉疼痛，质柔软，有液体囊。穿刺可见橙黄色透明液体，有时见少量血液。

【治疗】

小的淋巴外渗可以自行吸收，或用注射器抽出淋巴液，注入酒精（95%，100 mL）、福尔马林（1 mL）溶液，2～3 min后抽出（防止组织坏死）。大的淋巴外渗需切开，用浸有酒精、福尔马林溶液的纱布填塞腔内（凝固蛋白），一般需要2周才能痊愈。也可以用磺胺血（防感染、促凝固）纱布填入腔中，假缝合，5～7天愈合。

（四）烧伤（empyrosis）

【症状】

一度烧伤。被毛烧焦，皮肤表层（角质层）轻度损伤，皮肤发红（动脉充血、毛细血管扩张），轻痛，扁平的一致性肿胀（浆液性渗出）。伤后

20 min 左右，动物不安，刨地或舔患部。一般 7 天痊愈，不留瘢痕。

二度烧伤。表皮和真皮的一部分被损伤。被毛消失，周围被毛烧焦，皮肤粗糙。局部炎症，浆液渗出多，积聚在表皮与真皮之间形成水泡。局部敏感、疼痛，小水泡可以吸收，大水泡形成水肿。动物不安，抓、挠、咬患部，疼痛明显。

三度烧伤。皮肤全层及皮下组织被损伤，局部形成缺损。组织蛋白凝固，血管栓塞，局部组织似熟鞣皮样。深部组织水肿，小点出血。时间长，局部组织坏死、翘起、分离，出现脓性分泌物。

四度烧伤。皮肤，皮下组织及深层组织炭化，血管栓塞，切割后组织似白蜡样。

三度、四度烧伤伴随严重的全身症状，发生低血溶性休克。

【治疗】

治疗原则为镇痛，抗感染，防休克，治疗并发症。

应尽快使病犬脱离烧伤现场，清除灼热物质，力求缩短烧伤时间，可以用湿棉被等盖在病犬身上以缓解症状。止痛药可用可即舒、乙酰丙嗪。全麻下做局部处理：清理局部，用棉球蘸醚苯擦洗烧焦的组织；常规消毒，清理创腔，用温肥皂水、0.5% 氨水、生理盐水冲洗，也可用 0.1% 的新洁尔灭冲洗，再用棉花擦干。用 5% 高锰酸钾或 70% 酒精擦创面，刺破水泡，再用 0.01% 呋喃西林或 0.1% 新洁尔灭清洗。四肢下部的患部应包扎，防止感染。后续再进行对症治疗，如补充血容量、纠正酸碱度、合理使用抗生素控制感染等，若出现大面积缺损则需植皮。

（五）冻伤（congelation）

【症状】

一度冻伤：皮肤、皮下组织疼痛性水肿。二度冻伤：皮肤、皮下组织弥散性水肿，溃疡。三度冻伤：血液循环出现障碍，引起深部组织坏死。

【治疗】

逐步复温，18 ～ 20 ℃ 温水中水浴，25 ～ 30 min 内不断加温，皮破用龙胆紫，皮未破用樟脑酒精。快速复温，42 ℃ 温水，5 ～ 10 min 内恢复正常温度。包扎、保温。

（六）化学性损伤（chemical burns）

【症状】

局部皮肤黏膜烧灼伤，或出现红肿、水疱、糜烂。全身性症状有头疼头晕、恶心呕吐、嗜睡、抽搐，甚至死亡。

【治疗】

碱类烧伤：长时间、大量清水冲洗（越快越好）；石灰烧伤时，先除去石灰，再用糖水冲洗；氢氧化钠烧伤时，用5%氯化铵冲洗。

酸类烧伤：先用大量清水冲洗，再用5%碳酸氢钠中和，最后再用大量清水冲洗。

三、眼外伤（eye traumas）

眼外伤是机械性、物理性、化学性等因素直接作用于眼部，引起眼的结构和功能损害。常见的眼外伤为眼球挫伤、眼球内异物、眼球脱出。

（一）眼球挫伤（contusion of orbital）

【病因】

眼球挫伤多由汽车撞击或钝性物体的打击所致。钝性外力冲击眼球，直接作用于浅表组织，会引起不同程度的外伤。有时浅表组织的损伤不明显，但可能通过眼内液的传导，从而波及眼球内组织，并在眼眶内组织的反作用下引起震荡，加重眼组织的损伤和破坏。常发生的眼球挫伤有眼眶出血、眼眶骨折、前房积血。

【症状】

眼眶出血：常见结膜下出血，表现为明显的眼球突出，"兔眼"和继发性眼干燥。

眼眶骨折：眼球突出或眼球内陷、斜眼、眼周和眼后出血、疼痛、流泪、面部不对称等。

前房积血：挫伤性前房积血常伴有结膜下和眼眶出血，多呈现鲜红色，5～7天后则变为蓝红色。单纯性前房积血一般在伤后7～10天内可自行吸收，不必治疗，也不会导致视力丧失。

【治疗】

眼眶出血：患眼应立即清洗，防止眼干燥。巩膜广泛破裂者，只能做眼球摘除术。为了防止角膜显露、干燥，适宜施第三眼睑瓣遮盖术和暂时眼睑固定术。局部和全身应同时使用抗生素。

眼眶骨折：使病犬保持安静，防止进一步肿胀和出血，可局部冷敷。局部和全身使用抗生素、消炎药。小且未移位的稳定性骨折不必进行手术整复和固定，但大而不稳定的骨折须施行内固定术。

前房积血：出血较多或继发色素层炎症时，用1%阿托品滴眼剂滴眼3～4次，有助减少后粘连和稳定血管－房水屏障。局部和全身应用皮质类固醇制剂，可减轻和控制眼内炎症。不可使用非类固醇类药，否则会干扰血小板功能，诱发持久出血或再发生出血。

（二）眼球内异物（intraocular foreign bodies）

【病因】

眼球内异物是由穿透性异物（如碎玻璃、木屑、植物棘刺等）引起的眼眶、巩膜或角膜穿孔或裂伤。

【治疗】

根据异物性质、大小、位置、损伤范围及色素层炎症程度进行治疗。

（三）眼球脱出（proptosis of globe）

【病因】

多因车祸、斗殴等引起眼球突然向前移位，与此同时眼睑向眼球赤道陷入所致。短头品种犬常发，长头品种犬只有在严重创伤时才出现眼球脱出。

【治疗】

须立即送医，如无法立即送医，应把握以下原则：保持眼球湿润，充分清洁；严禁狗抓伤眼球；严禁对眼球施压。

四、结膜－角膜炎

结膜炎是指眼结膜受外界刺激和感染而引起的炎症，是最常见的一种眼病。有卡他性结膜炎、化脓性结膜炎、滤泡性结膜炎、伪膜性结膜炎及水泡性结膜炎等型。角膜炎是指角膜因受微生物、外伤、化学及物理性因素影响而发生的炎症，为常见眼病。

（一）结膜炎（conjunctivitis）

【病因】

（1）机械性因素。如异物刺激。

（2）化学性因素。如各种化学药品或农药误入眼内。

（3）温热性因素。如热伤。

（4）光学性因素。如日光直射、紫外线或X射线照射。

（5）传染性因素。如牛传染性鼻气管炎病毒、衣原体。

（6）免疫介导性因素。如过敏、嗜酸细胞性结膜。

（7）继发性因素。如流行性感冒、腺疫、犬瘟热。

【症状】

畏光、流泪、眼睑肿胀疼痛、结膜充血、眼睑闭合、有分泌物。

【治疗】

单纯性结膜炎可用2%～3%硼酸或0.1%雷佛奴尔溶液洗眼，如果渗出物已减少，可用0.5%～1%硫酸锌溶液点眼，用雷佛奴尔溶液冷敷。疼痛剧烈的可用2%盐酸可卡因液点眼。

（二）角膜炎（keratitis）

【病因】

（1）外伤与异物刺激。

（2）继发于结膜炎和周围组织炎症。

（3）并发于某些传染病。

【症状】

畏光、流泪、疼痛，眼睑闭合，角膜混浊，角膜缺损与溃疡。

【治疗】

可在清洗病眼后，涂以低浓度的抗生素眼药水，如0.5%～1%链霉素、0.25%氯霉素、0.5%四环素、0.5%～1%新霉素等，每天点眼4～6次，每次1～2滴。严重的可用高浓度眼药水，如4万U/mL的青霉素，5%链霉素，4万U/mL多黏菌素，每半小时点眼1次。或涂以抗生素软膏。同时，可用1%～2%狄奥宁或1%白降汞或黄降汞眼膏，或撒布甘汞粉末促进角膜翳吸收。

五、耳血肿（othematoma）

耳血肿是力作用导致耳部血管破裂、出血而形成的肿胀，多发生在耳郭的内侧面。犬常发生耳血肿。

【病因】

主要是外耳瘙痒或炎症刺激时动物摇头、抓耳、拍打耳朵，或在墙壁及其他物体上摩擦所致，也见于犬之间相互争斗撕咬，以及蜱和虱等寄生虫叮咬后。

【症状】

耳郭一侧局部突然出现肿胀，触摸富有波动感和弹性。白色或浅白色毛皮的动物肿胀呈深红色至紫褐色。数天后肿胀周围呈坚实感，并可有捻发音，中央有波动，局部温度升高。穿刺可排出红色液体。

【治疗】

应制止溢血、防止感染和排除积血。

（1）穿刺疗法。仅适用于局限性小血肿。以穿刺法抽出血液后，加压耳绷带以止血，绷带保持 7 ～ 10 天。

（2）手术切开疗法。适用于大的血肿。

六、耳炎（otitis）

耳炎分为外耳道炎、中耳炎和内耳炎。外耳道炎指外耳道的炎症，是犬的常发病。根据病程可分为急性外耳道炎和慢性外耳道炎；根据病原可分为细菌性外耳道炎、真菌性外耳道炎和寄生虫性外耳道炎。中耳炎是指鼓室黏膜的炎症，临床上常见卡他中耳炎性和化脓性中耳炎。内耳炎又称为迷路炎，多为中耳炎继发。

（一）外耳道炎（otitis externa）

【病因】

引起外耳道炎的因素有很多，如摩擦、搔抓、异物、寄生虫的寄生，以及水的浸入。

【症状】

动物表现不安，经常摇头、摩擦或搔抓耳郭，因疼痛而嚎叫；有时仅见搔抓耳根部及附近颈部皮肤，致使耳郭及颈部皮肤抓伤、擦伤、出血，甚至出现耳郭血肿，被毛脱落、缠结。早期检查发现耳郭和外耳道皮肤充血、肿胀、疼痛，甚至破溃、出血；外耳道内积垢较多，其表面沾有分泌物，散发出异常臭味。久病者耳道皮肤肥厚，发生溃疡，分泌物黏稠。当耳垢和分泌物堵塞外耳道时，听力减退。

【治疗】

（1）局部处理。首先清理外耳道，剪去耳郭内及外耳道的被毛，除去耳垢、分泌物和痂皮。分泌物多时，用 3% 过氧化氢溶液或 0.1% 新洁尔灭溶液冲洗耳道，随后吸干。必要时用耳镜检查外耳道深部，并取出异物、耳垢等。对于细菌性外耳道炎，向耳道内滴入新霉素滴耳液、诺氟沙星滴耳液、氧氟沙星滴耳液等，并轻轻按揉，1 ～ 2 次/天；对于真菌性外耳道炎，向耳道内涂抹杀真菌膏剂，直至耳道内鳞屑消失；对于寄生虫性外耳道炎，可直接向耳道内滴入伊维菌素或阿维菌素数滴，并轻轻按揉耳郭及耳根，每6～7天1次，在使用抗寄生虫药间歇期，应向耳道内滴入抗生素滴耳液，以防止或制止细菌的继发感染；对于过敏性外耳道炎，可向耳道内滴入糖皮质激素药物，一些用于耳道疾病治疗的抗生素中也含有此类药物；对于久治不愈的增生性外耳道炎，外耳道出现过分狭窄或堵塞时，可使用外耳道部分切除术进行治疗。

（2）全身抗生素治疗。对于外耳道内脓性分泌物多、体温升高的急性细菌性感染，应全身使用感染菌敏感的抗生素治疗，以防继发中耳炎和内耳炎。

（二）中耳炎（otitis media）和内耳炎（otitis interna）

【病因】

病原菌通过血液途径感染，经咽鼓管感染，外耳炎蔓延感染或经穿孔的鼓膜直接感染。

【症状】

中耳炎除出现外耳炎的症状，还出现其他临床症状。例如当出现卡他性中耳炎时，动物听力减退，摇头或头偏向患侧，耳镜检查可见鼓膜变色、向外突出；当患化脓性中耳炎时，体温升高，食欲不振，耳根部有压痛，幼犬有时可见鼓膜穿孔，流出脓性分泌物；当中耳炎症侵害面神经和副交感神经时，引起面部麻痹、角膜和鼻黏膜干燥、张口疼痛等。若中耳炎并发内耳炎，则出现眼球震颤、共济失调，头向患侧转圈。若炎症继续发展，波及脑膜，则出现脑膜炎，或引起小脑脓肿而死亡。

【治疗】

全身应用抗生素，配合中耳冲洗，中耳冲洗应在全身麻醉的状态下进行，冲洗液为37～38 ℃生理盐水，应反复冲洗直至吸出的冲洗液干净为止。

七、牙病（dental disease）

常见的牙齿疾病有齿龈炎、牙周病和龋齿。齿龈炎指齿龈的急性或慢性炎症，以齿龈的充血和肿胀为特征。牙周病指牙周膜及其周围组织的一种急性或慢性炎症，也称为牙周炎、牙周肿胀等，以齿周袋形成、骨重吸收、齿松动和齿龈萎缩为特征，犬较常见。龋齿是由发酵碳水化合物的细菌引起牙体结构破坏的一种疾病，细菌产生酸性物质侵蚀牙齿的表面、齿冠、釉质表面或齿根齿骨质表面，使其脱钙、分解及破坏。犬的龋齿不常见，第一上臼齿冠最易受影响。

（一）齿龈炎（gingivitis）

【病因】

主要由齿石、龋齿、异物等损伤性刺激而引起。慢性胃炎、营养不良、犬瘟热、钩端螺旋体病、尿毒症、维生素 B 或维生素 C 缺乏症、重金属盐中毒等均可继发本病。

【症状】

单纯性齿龈炎的初期，齿龈充血、水肿、鲜红色、脆弱易出血。并发口炎时，疼痛明显，采食和咀嚼困难，大量流口水。

【治疗】

首先消除病因，清除齿石，治疗其他牙齿疾病，如龋齿。局部用生理盐水等清洗，涂擦复方碘甘油或抗生素、碳胺制剂。病变严重时，可使用氨苄青霉素普鲁卡因和地塞米松，同时皮下注射维生素 K，口服复合维生素 B。还应注意饲养管理，常用盐水给动物刷牙、洗口。提供牛奶、肉汤、菜汤等无刺激性食物。

（二）牙周病（periodontal disease）

【病因】

齿龈炎、口腔不卫生、齿石、食物嵌塞及微生物侵入，尤其是长期摄食软稀食物等是形成牙周病的主要原因。

【症状】

病犬常表现口臭、流涎，想进食，但只吃软食，不敢咀嚼硬质食物。用牙垢刮子轻叩病牙，则疼痛明显。牙周韧带破坏，齿龈沟加深，形成蓄脓的牙周袋，或齿龈下脓肿；轻压齿龈，牙周有脓汁排出。

【治疗】

病犬在麻醉条件下，首先应彻底刮除病牙齿垢，包括齿龈以下的齿垢，明显松动的牙齿或严重病牙应将其拔除。肥大的齿龈可用电烧烙除去或手术切除。牙齿经刮剔、磨光或必要的拔牙处理后，用超声波刮器清洗牙齿，或直接用生理盐水、0.1% 高锰酸钾溶液冲洗，齿龈涂以 2% 碘酊。如有全身性反应，可用广谱抗生素控制感染，如阿莫西林、甲硝唑或四环素口服；也可选用氨苄青霉素、子孢菌素、喹诺酮类肌注，2 次/天，应用法国维克制药厂生产的复合抗生素保得胜（Potencil）效果较好。

（三）龋齿（dental caries）

【病因】

饲喂的食物过软、过甜及长期不清洁牙齿等均可导致犬龋齿。

【症状】

病犬进食或饮水时由于接触到损伤部位，产生疼痛，表现为不愿吃东西、饮水缓慢、食物从口中掉落、牙齿打战，甚至尖叫或呻吟等。

【治疗】

可用齿刮或齿钻去除龋洞内的病变组织，填充如汞合金等惰性材料。如已累及齿髓腔，应先治疗齿髓炎，症状缓解后，再修补。严重龋齿可施拔牙术。

八、胸腔积液（hydrothorax）

正常状态下，犬胸膜腔内仅有不超过 2 mL 的浆液。胸腔积液是指胸膜液的形成与吸收平衡出现失调，导致胸膜腔内有较多的渗漏液潴留。常与腹腔积液、心包积液、皮下水肿并发。

【病因】

常因心脏疾病和肺脏的某些慢性疾病或静脉干受到压迫时血液循环障碍而引起。慢性贫血和血液黏稠度低及任何长期的消耗性疾病也可引起胸腔积液。

【症状】

大多数病犬不表现临床症状，除非肺换气功能发生明显改变。最常见的症状是呼吸困难，通常表现为吸气有力，呼气延迟，似乎病犬有意地抑制着呼吸。其他症状包括呼吸急促、黏膜发绀、张口呼吸、咳嗽、听诊心音及肺呼吸音减弱等。此外，患病动物也可出现体温升高、精神沉郁、食欲减退、体重减轻、黏膜苍白、心律不齐和心杂音、心包积液和腹水等症状。

【治疗】

治疗原则是加强护理，限制饮水，强心利尿，排除积液。强心利尿可用咖啡因、水杨酸钠，可可碱、洋地黄制剂、盐酸毛果芸香碱等皮下注射，以促使积液吸收。另外，注射泼尼松对预防胸膜粘连、加速液体吸收有良好效果。当胸腔积液过多，呼吸特别困难，有窒息危险时，可施行穿胸术排除积液，然后注入醋酸可的松 25 mg。

九、急性腹膜炎（acute peritonitis）

急性腹膜炎是指腹膜的急性炎症。腹膜内富有毛细血管和淋巴管，有较强的吸收和渗出能力。腹膜受细菌、病毒或化学物质等不良刺激后，便易发生炎症过程。该病发病剧烈，严重者出现虚脱休克，病程一般在 2 周左右，少数 1 天内死亡。

【病因】

犬的急性腹膜炎主要是继发性细菌性腹膜炎。多发生于腹腔脏器，如胃、肠、膀胱或积脓子宫发生穿孔、破裂或炎症扩散，以及腹壁穿透创引起感染。此外，腹腔穿刺消毒不严、腹腔注入刺激性药物（如红霉素或四环素等），以及腹腔手术污染，均可导致急性医源性腹膜炎。

【症状】

（1）腹部症状。突出表现是持续性腹痛。动物弓背、腹部蜷缩、不愿活动，行走缓慢，卧地小心，常有回头顾腹现象。腹壁触诊多感腹肌紧张、硬如木板，同时可引起明显疼痛，动物有呻吟表现。

（2）全身症状。动物体温升高，脉搏快而弱，胸式呼吸明显。精神沉郁，食欲减退或废绝，常有反射性呕吐。

【治疗】

治疗原则是除去病因，控制感染，防止败血症，制止渗出，促进吸收，增强机体抗病力。

（1）除去病因。应查明病因，治疗原发病。对外伤引起的腹膜炎，应及时施行外科处置。

（2）控制感染。对各种原因引起的腹膜炎，应早期应用抗菌药物，如青霉素、链霉素、氯霉素、先锋霉素等。

（3）减少渗出。可用葡萄糖酸钙溶液，静脉注射 20 ~ 30 mL，也可用 3% 氯化钙溶液 20 mL，与 25% 葡萄糖溶液 20 ~ 40 mL 混合后静脉注射。

（4）对症治疗。为防止败血症，可静脉注射 20% 葡萄糖溶液 10 ~ 50 mL、维生素 C 溶液 1.0 ~ 1.5 mL、40% 乌洛托品溶液 5 mL，每天 1 ~ 2 次。根据机体情况，施行强心、缓泻、利尿等对症疗法。腹腔渗出液过多时，应及时穿刺放液，同时注入 0.25% 普鲁卡因青霉素溶液 10 mL 可取得良好效果。

十、肛门囊疾病（anal sac disease）

肛门囊疾病是肛门部最常见的疾病，发病特征为动物排便困难，肛周敏感，出现脓性分泌物。主要包括肛门囊阻塞、肛门囊炎和肛门囊脓肿。犬发病较多。

【病因】

当某些原因引起肛门囊腺体分泌旺盛或囊管阻塞时，囊内分泌物积留使肛门囊肿大，并易引起感染和炎性反应，严重时形成脓肿或蜂窝织炎。其发生的可能原因有：长期饲喂高脂肪性食物，粪便稀软阻塞囊管或开口；全身性脂溢性皮炎并发肛门囊腺分泌过剩；肛外括约肌张力减退，造成肛门囊皮脂样物积留。

【症状】

突出表现为病犬常保持犬坐姿势，不时擦肛或试图啃咬肛门，排便费力，烦躁不安。接近病犬可闻到腥臭味，观察到肛门一侧或两侧下方肿胀，肛门囊管口及肛门周围黏附大量脓性分泌物。触诊肿胀部敏感、疼痛，若见稀薄脓性或血样分泌物从肛门囊管口流出，即为肛门囊已发生化脓感染的特征。有时因肛门囊阻塞严重，脓肿形成后自行破溃，可在肛门囊附近形成一个或多个窦道。在某些大型犬，脓液还可沿肌肉和筋膜面扩散，进而发展为蜂窝织炎。

【治疗】

对于单纯性肛门囊阻塞，尽量挤净肛门囊内容物。如内容物过于黏稠或浓缩，可用生理盐水或适宜的消毒防腐液冲洗囊腔，1～2周后再重复冲洗1次。此外，还要积极消除食物结构不良、运动量过少或慢性腹泻等可能存在的致病因素。对于化脓性肛门囊炎，在挤净脓性内容物前提下，应用适宜的消毒防腐液冲洗囊腔，接着向囊腔内注入氨苄青霉素或庆大霉素等广谱抗生素，并沿肛门囊周围施行氨苄青霉素或庆大霉素普鲁卡因封闭疗法，通常需要处理2～3次。如肛门囊已形成化脓性窦道或瘘管，需施行肛门囊及病变组织摘除术。

十一、疝（hernia）

腹腔内脏器官通过腹壁的天然孔道或病理性裂口脱出称为疝。疝可分为可复性疝（疝内容物通过疝孔可还纳入腹腔）和不可复性疝（疝内容物被疝孔嵌闭或疝囊粘连而不能还纳入腹腔）。根据疝发生的部位，可分为脐疝、腹股沟疝、腹壁疝等。

【病因】

脐疝：腹腔内脏通过脐孔脱至皮下。这是犬的常发病。疝内容物可能是镰状韧带、网膜或小肠。多见于先天性脐部发育缺陷，脐孔闭合不全，也可能由出生后脐孔张力太大、脐带留得太短或脐带感染所致。

腹股沟疝：腹腔内脏器官经腹股沟环脱出称为腹股沟疝。疝内容物可能是网膜、膀胱、小肠、大肠、脾的一部分、子宫或某阔韧带、圆韧带等，母犬多发，在公犬又称为腹股沟阴囊疝。病因多为先天性腹股沟环闭合不足或后天性腹压过大，也可见于外伤性因素。

腹壁疝：腹腔内脏器官通过外伤性腹壁破裂孔脱至皮下称为外伤性腹壁疝。腹壁破裂孔易发生在腹侧壁或腹底壁上，镰部最常发。病因见于车祸、摔跌等钝性外力或动物间相互撕咬引起腹壁肌层或腹膜破裂而表层皮肤仍保留完整，也可能是腹腔手术之后腹壁切口内层缝线断开，切口开裂。腹侧壁肌层的破裂可能是腹外斜肌、腹内斜肌和腹横肌破裂，腹底部肌层的断裂则主要是腹直肌或耻前腱断裂。

【症状】

脐疝：脐部出现大小不等的圆形隆起，触摸柔软。无痛、无热，压迫可感觉到疝孔，挤压疝囊或动物背卧位时疝内容物可还纳，挣扎或术后隆起增大，此种为可复性脐疝。少数病例疝内容物发生粘连或嵌闭，触诊囊壁紧张，压迫或改变体位不能还纳疝内容物。若嵌闭的疝内容物是肠管，则表现急腹症症状。腹痛不安、饮食废绝、呕吐、发热，严重者可出现休克。

腹股沟疝：单侧或双侧腹股沟部隆突肿起、肿物大小不定，可复性疝触摸肿物柔软，无痛、无热；不可复性疝触诊热痛，疝囊紧张，肠管脱出嵌闭后表现急腹症症状。在公犬，疝内容物主要在阴囊内，且易于嵌闭，故表现为单侧或双侧阴囊肿大。

腹壁疝：腹壁皮肤囊状突起，皮肤上可有损伤（如擦伤、挫伤）痕迹。囊的大小不等，体积随疝内容物的充盈、排空等改变。触摸其质地软或硬（随脱出脏器不同），不热不痛或温热疼痛。早期可摸到疝环，疝内容物可还纳，久则因局部发炎使疝的轮廓不清，疝内容物不可复。如发生嵌闭可引起急腹症症状。

【治疗】

脐疝：幼犬（4月龄内）随着身体生长，有的能自行消退。6月龄以上的脐疝则须手术整复。

腹股沟疝：手术整复。在公犬，须切开阴囊还纳疝内容物，闭合腹股沟环。

腹壁疝：急性外伤性腹壁疝往往伴有多发性损伤，所以在手术整复腹壁疝之前须先稳定病情，改善全身状况。术部在疝囊处，整复原则同脐疝手术。

十二、急性肾衰竭（acute renal failure）

急性肾衰竭是指各种致病因素造成的肾实质急性损伤，是一种危重的急性综合征。临床上以少尿或无尿，氮血症，水、电解质代谢失调等为特征。

【病因】

（1）中毒。如误食防冻液、重金属、老鼠药、葡萄和葡萄干。

（2）大出血。如外伤或手术造成的大出血、急性左心衰竭、严重脱水等因素引起的肾脏急性缺血。

（3）尿路堵塞。如尿道栓塞、尿道结石、尿道狭窄、膀胱肿瘤等导致双侧性尿道闭塞。

（4）先天性肾脏发育不良。

（5）严重的致病菌感染。

（6）生物毒素。如蛇毒、生鱼胆等导致肾脏中毒。

（7）医治不当。如麻醉和手术过程使用血管扩张剂或非类固醇抗炎药引起的低血压和肾灌注量减少。

【症状】

根据临床表现，急性肾衰竭分为少尿期、多尿期和恢复期。

（1）少尿期。尿量迅速减少，甚至无尿。出现高钾血症、代谢性酸中毒、氮血症。病犬精神沉郁，体温有时偏低。

（2）多尿期。突出表现为多尿，由于钾的排出过快，出现低钾血症。

（3）恢复期。血清尿素氮和肌酸酐含量、尿量等逐渐恢复正常，动物体力消耗严重，表现四肢无力、消瘦、肌肉萎缩。

【治疗】

急性肾衰竭的治疗原则是排除病因，对失血和体液丢失引起的循环血量的减少，应补充血液或电解质溶液；对中毒性疾病，应中断毒源，缓解机体中毒现象；对感染性疾病，用抗生素控制感染；尿路阻塞时要尽快排尿，必要时采取手术排除阻塞原因。通过输液和利尿，纠正血液动力学紊乱及水和电解质平衡，争取尽可能多的时间使肾小球得以恢复及代偿。根据这一原则，治疗时应输入足量的生理盐水，还有呋塞米、甘露醇、多巴胺等利尿剂。静脉注射碳酸氢钠以纠正酸中毒。使用氨苄西林或阿莫西林等肾毒性低的抗生素控制炎症。对于高钾血症，可反复使用 10% 葡萄糖酸钙静脉缓慢注射，以缓解高血压对心肌的损害作用。治疗期间应给予低蛋白、易消化食物，并保证一定量的维生素摄入。

十三、龟头包皮炎（balanoposthitis）

龟头和包皮表面黏膜发炎称为龟头包皮炎。临床上以龟头瘙痒、疼痛、流脓为特征。

【病因】

原发性龟头包皮炎由细菌感染引起。继发性龟头包皮炎可由外伤、异物、阴茎淋巴组织增生引起。尿道感染扩散、与患生殖道疾病的母犬交配等亦可引起感染发炎。

【症状】

包皮腔内最初呈现皮肤受刺激的症状，包皮被毛处皮肤潮红，病犬不断舔咬。随后发生包皮炎性肿胀、疼痛、龟头体积增大和排尿困难。有时出现小的溃疡和糜烂，从包皮口流出大量黏液或脓性分泌物。严重者还会出现昏睡、发热和食欲不振等全身症状。

【治疗】

用 1∶4000 洗必泰溶液冲洗包皮，每天 2 次，洗完后使用抗生素软膏，对病情顽固病例，可用 20% 硫酸铜溶液冲洗包皮黏膜。每天压出阴茎，连续 5～7 天，以确保不发生粘连。

十四、神经系统疾病（nervous system diseases）

神经系统疾病是指各种因素导致的动物脑血管、脊柱等受损引起的神经系统损伤，进而影响动物正常生命活动的疾病。外科常见的神经系统疾病有脑挫伤、脊髓休克和挫伤等。

（一）脑挫伤（cerebral contusion）

【病因】

脑挫伤发生于各种意外事故时，如打击、撞伤。

【症状】

病犬出现眩晕、转摇或躺倒。严重病例先呕吐，后昏迷；眼球震颤、肌肉痉挛、抽搐或麻痹。最严重病例，发生创伤时即昏迷，最终死亡。

【治疗】

把病犬关在安静、暗而通风的室内，休息4～8天，避免任何刺激；冷敷头部以减少脑出血。如果有持续的意识丧失，可用刺激药。

（二）脊髓休克和挫伤（spinal cord shock and contusion）

【病因】

脊髓休克和挫伤主要见于意外事故，如奔跳、打击、挣扎等均可引起椎骨骨折或脱位。此外，也可发生于感染和中毒。

【症状】

可在创伤后立即出现，也可能在几小时后出现，根据损伤的部位可有不同的症状。如延髓受损伤，可出现呼吸、吞咽困难，脉搏减慢；寰椎脱臼则会出现头部僵硬，甚至运动失调；颈椎损伤往往引起四肢、躯体及尾的运动障碍和感觉麻痹，腹式呼吸，进而前肢反射消失，二便失禁或困难；胸椎受损害时，身体后半部出现和感觉消失，二便失禁或困难；腰椎损伤时出现后躯麻痹，后肢拖在地面，膝反射消失，粪、尿停滞或失禁。急性严重损伤往往在短时间内（几秒钟）因呼吸停止而死亡；一般可迁延数天，多由于继发感染引起败血症、肺炎、膀胱炎而死亡。

【治疗】

保持安静，有兴奋不安时用解痉、镇静药。病初冷敷，后热敷或樟脑酒精涂布消炎。麻痹部位施行按摩或用直流电刺激。灌肠、导尿、疏通大小便。感染用抗生素、碳胺治疗。

十五、骨折（fracture）

骨或软骨的连续性发生完全或部分中断称骨折。骨折是小动物临床最常见的骨骼疾病之一，尤其随现代交通的快速发展，骨折发生率愈加增多。临床上常以机能障碍、变形、出血、肿胀、疼痛为特征。

【病因】

各种直接或间接的暴力都可引起骨折。如绊倒、奔跑、跳跃时扭闪、重物轧压，肌肉牵引、突然强烈收缩等都可引起骨折。

【症状】

骨折的特有症状是变形，骨折两端移位，患肢呈短缩、弯曲、延长等异常姿势。还有异常活动，如让患肢负重或被动运动时，出现屈曲、旋转等异常活动（但肋骨、椎骨的骨折，异常活动不明显）。在骨断端可听到骨摩擦音。可看到出血、肿胀、疼痛和功能障碍等症状。开放性骨折时常伴有组织的重大外伤，出血及骨碎片。此时，病犬全身症状明显，拒食，疼痛不安，有时体温升高。

【治疗】

在发病地点进行紧急救护，以防因移动病犬时骨折断端移位或发生严重并发症。紧急救护包括：止血，在伤口上方用绷带、布条、绳子等结扎止血，患部涂擦碘酒，创内撒布碘仿横胺粉；对骨折进行临时包扎、固定后，立即送医。在遵照医嘱的情况下，可内服接骨药，加喂动物生长素、钙片和鱼肝油等。对开放性骨折病犬，可应用抗生素及破伤风抗毒素，以防感染。

十六、关节脱位（luxation of joints）

关节脱位指关节因受机械外力、病理性作用而引起骨间关节面失去正常的对合。如果关节完全失去正常对合，称为全脱位，反之称为不全脱位。犬最常发生髋关节、髌骨脱位，肘关节、肩关节也时常发生脱位，偶发于腕关节、跗关节、寰枢关节及下颌关节。

【病因】

多由强烈的直接或间接外力作用所致；也有先天性或发育异常因素，如髌骨脱位，多与遗传有关。

【症状】

关节变形：改变原来解剖学上的隆起与凹陷。

异常固定：关节错位，加之肌肉和韧带异常牵引，使关节固定在非正常位置。

关节肿胀：严重外伤时，周围软组织受损，关节出血、炎症、疼痛及肿胀。

肢势改变：脱位关节下方肢势改变，如内收、外展、屈曲或伸展等。

机能障碍：由于关节异常变位、疼痛，运动时患肢出现跛行。

关节不全脱位：症状不典型。

【治疗】

治疗有保守治疗和手术治疗，原则是整复、固定和功能锻炼等。不全脱位或轻度全脱位，应尽早采用保守疗法，即闭合性整复与固定。中度或严重的关节全脱位和慢性不全脱位，多采用手术疗法，即开放性整复与固定。当病犬因肥胖、体重和活泼，无法使用保守疗法时，也可施行开放性整复与固定。

十七、皮肤肿瘤（skin tumors）

皮肤肿瘤是发生在皮肤的细胞增生性疾病，是一种常见疾病。发生于皮内或皮下组织的新生物，具有多样性，一般临床上将皮肤肿瘤分为痣、良性肿瘤、轻度恶性肿瘤和恶性肿瘤。常见的皮肤肿瘤有皮肤乳头状瘤、皮肤鳞状细胞癌、皮肤基底细胞瘤、皮脂腺瘤、皮肤黑色素瘤、皮肤纤维瘤和纤维肉瘤、皮肤血管细胞瘤、皮肤脂肪瘤和脂肪肉瘤、皮肤肥大细胞瘤等。

【病因】

皮肤与外界的直接接触，包括化学性、放射性、病毒性、激素和遗传性等。

【症状】

犬的皮肤肿瘤一般呈结节状或丘疹状，有的病例可见局部或全身脱毛、红斑、色素沉着，甚至皮肤溃疡。

【治疗】

首先根据肿瘤的发生部位、大小、类别、动物的症状等确定治疗措施，然后选择治疗方法。对于老年犬，如确诊为良性肿瘤，而且肿瘤不大、未发生溃疡、不影响身体的机能，可暂时不采取治疗手段；对于影响动物正常机能或外观的良性肿瘤及侵袭性强的肿瘤，通过手术摘除肿瘤是最佳的治疗手段；如不能断定肿瘤是良性还是恶性而又必须尽快手术者，除切除肿块，还应切除比其多出至少 1 cm 范围的正常组织，血管结扎要彻底；对不能全切除的皮肤肿瘤，可采用冷冻疗法，或部分切除，并配合化疗、放疗等治疗措施。恶性肿瘤的主要治疗方法是化疗，也可用放射、激光、光化疗等方法，以延长动物的生命。

十八、乳腺肿瘤（mammary tumors）

乳腺肿瘤是发生在乳腺的细胞增生性疾病。乳腺肿瘤分为乳腺良性肿瘤、乳腺恶性肿瘤。乳腺良性肿瘤中较多见的有乳腺纤维瘤和管内或囊内乳头状瘤；乳腺恶性肿瘤有癌、肉瘤及癌肉瘤等，其中乳腺癌占大多数。平均发病年龄为 10.5 岁，5 岁以内的犬不常见。主要发生在母犬，公犬极少。

【病因】

原因不明，可能是激素原因，也可能与孕激素、雌激素联合应用前列腺素和生长激素有关。

【症状】

单个或多个肿块（约 50% 的发病动物具有多个肿瘤）。若游离性很强，多提示良性；若与皮肤或是腹壁粘连，多提示恶性。多数伴有发炎，可能有溃疡。

【治疗】

手术是治疗的根本方法，化疗可能有效。建议在犬第一次发情前做绝育手术以降低发病概率。

十九、皮炎（dermatitus）

皮炎指皮肤真皮和表皮的炎症。

【病因】

引起皮炎的因素很多，外界刺激、烧伤、外伤、过敏原、细菌、真菌、外寄生虫、其他疾病继发、变态反应等都能引发皮炎。

【症状】

患病动物皮肤瘙痒，常搔抓患部，一般伴发皮肤的继发感染。病变包括皮肤水肿、丘疹、水泡、渗出或结痂、鳞屑等，慢性皮炎以皮肤裂开和红疹、丘疹减少为主。

【治疗】

要先剪毛。急性湿性皮炎可以使用收敛性吸附剂或类固醇类洗液与软膏，慢性干性皮炎可外用皮质类固醇类软膏。为去除皮肤鳞屑和痂皮，可用硫黄和水杨酸、柏油和硫碳洗毛剂。在排除传染性病因后，给予超短效皮质类固醇药，如强的松、强的松龙，按 1 mg/kg 的剂量用药，病初 1 次/天，以后隔日 1 次。如动物严重瘙痒，可限制动物活动，给予镇静药，或颈部佩戴颈圈。

第五节　中　　毒

使犬中毒的毒物可分为无机毒物、有机毒物、金属毒物、生物毒物。由于搜救犬的训练和工作环境的特殊性，搜救犬可能接触到灭鼠药，误食有机磷农药污染的植物，变质的肉或腐烂的动物尸体，被毒蛇或蜜蜂叮咬伤，等等。犬中毒发生时，必须立即对周围环境进行评估来确定毒物来源和分析危险情况，检查整个环境来监测有无潜在的有毒植物、有毒蘑菇、被污染的日用化工品和水，无法进行环境检查时，应仔细回想犬可能接触的危害，如垃圾、木糖醇、药物、巧克力、葡萄干、生面团、香烟、灭鼠药、杀虫剂、除草剂、汽车防冻液等。此外，牧羊犬、澳大利亚牧羊犬和其他放牧品种对伊维菌素类驱虫药和洛哌丁胺止泻药非常敏感。训导员了解可引起犬中毒的物质，并掌握一些急救措施可大大减轻中毒对搜救犬的伤害。

发生中毒时，重症犬送至医院时通常为时已晚，对于轻症和还未出现明显症状的疑似中毒犬，早期治疗及预防性治疗能够为它们争取时间，并将损害降到最低。对中毒犬进行急救和治疗时应采取综合处理措施，这些措施包括切断毒源、阻止或延缓机体对毒物的吸收、排出毒物（催吐、洗胃、泻下、利尿、放血等）、解毒、对症治疗和加强护理。

一、抗凝血灭鼠药中毒（anticoagulant rodenticide poisoning）

灭鼠药的种类众多，主要包括安妥类、磷化锌类和抗凝血类，其中商业使用的杀鼠药中抗凝血类型占比大于90%，包括灭鼠灵、溴鼠灵、溴敌隆、敌鼠等，因此将其作为重点进行讲述。灭鼠药中毒多是由于犬误食毒饵而发生。安妥中毒的症状主要为呼吸急促、流血色的泡沫状鼻液、咳嗽，最后窒息而死，缺乏特异性解毒剂，且难以进行催吐或洗胃等措施，通常采用对症疗法消除肺水肿和排除胸腔积液，结合强心、保肝等措施，也可使用维生素K或给予含巯基解毒剂。磷化锌中毒时表现为食欲减退、呕吐、腹痛、腹泻、迅速衰弱，呕吐物有蒜臭味，粪便带血，两者在暗处皆可观察到发磷光。治疗早期可灌服2%～5%硫酸铜溶液催吐并阻碍毒物吸收，同时由静脉注入高渗葡萄糖溶液和氯化钙溶液。抗凝血灭鼠药，有较强的抗凝血作用，其发病机理、临床症状、诊断及治疗如下。

【临床症状】

犬的任何部位都可能出血，常见症状是由肺出血导致的鼻衄、咯血、乏力、嗜睡、面色苍白、运动不耐受和呼吸困难，也可能出现便血、尿血、跛行、牙龈出血、瘀斑等症状。急性中毒的病犬多不表现任何症状而突然死亡；亚急性中毒的病犬表现黏膜苍白、呼吸困难，常见鼻出血和大便出血，也可能发生巩膜、结膜和眼内出血，体表大面积血肿，创伤长时间流血不止。严重出血时病犬十分虚弱，心跳减弱，节律不齐，行走摇晃。脑、脊髓或硬膜下间隙出血则表现为轻度瘫痪、共济失调和痉挛，并很快死亡。

【诊断】

根据可能食入毒饵或老鼠尸体的病史，结合临床症状及剖检所见大面积出血，一般可做出诊断。临床病理检查可能观察到轻微到重度贫血、低蛋白血症和血小板减少。凝血时间的检测是非常重要的，检测活化凝血时间（activated clotting time，ACT）可快速得到结果，凝血酶原时间或活化部分凝血活酶时间（activated partial thromboplastin time，APTT）的检测需要一定时间，病犬出现临床症状前，通常可见 OSPT 和 APTT 延长；足够的维生素 K_1 治疗 12 ~ 24 h 后，升高的凝血参数降低，可诊断为维生素 K_1 反应性凝血功能障碍，该障碍常见由抗凝血杀鼠药引起。

【治疗】

暴露后几小时内的中毒犬可进行催吐、施用活性炭、喂服泻药等净化程序，若已经存在凝血功能异常，则不可进行这些操作。对于中毒犬的出血，主要通过输血和给予维生素 K_1 治疗达到更换非活化凝血因子的目的，还需要进行适当的心血管支持和辅助治疗。

1. 输血治疗

使用新鲜的枸橼酸血，按 20 mL/kg，一半快速注入，另一半缓慢输入。

2. 维生素 K_1 治疗

维生素 K_1 可立即用于新鲜凝血因子的合成，其他化学形式的维生素 K 都不可以。病犬应始终给予维生素 K_1，直到体内不存在有毒化合物。然而，维生素 K_1 对凝血功能没有直接影响，且通常需要 6 ~ 12 h 才能显著影响新的凝血因子合成，因此只有输血可以满足紧急更换循环凝血因子的需要。

维生素 K_1 常用口服或皮下注射给药，静脉注射可能存在过敏反应，肌内注射可能导致疼痛和出血。常规应选用口服给药途径，除非病犬有脂肪吸收不良问题、正在实施催吐或给予口服活性炭处理。口服途径给药时可与罐头食品同食，可提高生物利用度 4 ~ 5 倍。严重低血容量犬由于外周组织灌注不良而不建议使用皮下注射途径给药。口服常用剂量建议为 1.25 ~ 2.5 mg/kg，每天 2 次，或 2.5 ~ 5 mg/kg，每天 1 次。

一般病犬应接受维生素 K_1 治疗 3 ~ 4 周，停用维生素 K_1 后 36 ~ 48 h 后进行 OSPT 或 ACT 评估，若凝血时间延长，则继续治疗 1 周；若凝血时间正常，则可以停止治疗。需注意的是，即使凝血时间正常，各个凝血因子仍可能处于较低水平。

3. 辅助治疗

笼内静养，尽量避免受伤，氧气疗法，静脉输液维持心血管支持，广谱抗生素防止感染。有胸腔积液时进行胸腔穿刺，以减轻呼吸困难的症状。

二、有机磷中毒（organophosphorus pesticide poisoning）

有机磷可作为犬体外抗寄生虫药物和杀灭农业种植中的害虫。有机磷中毒以体内的胆碱酯酶活性受抑制，导致神经及生理机能紊乱为特征。

【病因】

有机磷农药具有高度的脂溶性，可因食入、吸入或经皮肤吸收而中毒。犬经消化道吸收中毒最为常见，使用有机磷药物药浴驱虫也会导致中毒。

【临床症状】

中毒后临床表现为恶心、呕吐、腹痛、腹泻、尿频、大小便失禁，流泪、流涕、流涎，心跳减慢和瞳孔缩小、支气管痉挛和分泌物增加、咳嗽、气急；部分犬出现肺水肿症状。横纹肌神经肌肉接头处乙酰胆碱过度蓄积和刺激，使犬的面、眼睑、舌、四肢和全身横纹肌发生肌纤维颤动，甚至全身肌肉强直性痉挛。临床表现为全身紧束和压迫感，而后发生肌力减退，瘫痪在地。严重者可有呼吸肌麻痹，造成周围性呼吸衰竭；刺激交感神经节，释放儿茶酚胺使血管收缩，引起血压增高、心跳加快和心律失常；刺激中枢神经系统后犬可出现头晕、头痛、疲乏、共济失调、烦躁不安、谵妄、抽搐和昏迷等症状；其他可能出现的病症有中间综合征、迟发性神经病、过敏性皮炎等。

【诊断】

（1）病史调查。详细了解犬中毒发生的时间、地点、发病数量、死亡数量及既往病史。

（2）临床检查。对中毒犬进行全面检查，犬常表现为瞳孔缩小、口腔有大蒜异味、血压升高，以及消化道症状（呕吐、腹泻、腹痛等）、呼吸道症状（呼吸困难）和神经症状（流涎、运动失调、痉挛、抽搐、昏迷等），根据收集到的症状，结合病史，逐渐缩小可疑毒物的范围，大致推断出中毒的种类，为临床急救提供依据。

（3）解剖检查。首先进行体表检查，注意被毛和口腔黏膜的色泽，然后对皮下脂肪、肌肉、骨骼、体腔、脏器进行检查。犬大多因消化道摄入毒物而中毒，所以检查消化道病变、内容物色泽性状等对诊断具有重要意义。中毒犬常表现消化道黏膜充血、出血和坏死，重者还会发生穿孔。如有机磷中毒，内容物有大蒜气味，氰化物中毒有苦杏仁气味，腐蚀性酸使内容物变成黑色等。

（4）可疑饲料的毒物检测。对中毒犬应采取呕吐物、胃洗出物、食物、血液、尿液等进行化验，死亡犬可采取肝、肾等实质器官进行检查。

（5）血清胆碱酯酶活性测定。用胆碱酯酶活性测定试纸干化学法检测法。它是有机磷农药中毒的特异性标志酶，但酶的活性下降程度与病情及预后不完全一致。

（6）治疗性诊断。根据临床症状，通过治疗效果进行验证诊断，如治疗效果确实，可据此做出诊断。

【治疗】

治疗原则是以切断毒源、阻止或延缓机体对毒物的吸收、排出毒物、运用特效解毒药和对症治疗为主。

1. 除去尚未吸收的毒物

对于由皮肤接触引起的中毒，可用清水充分冲洗接触部位的毛发和皮肤，避免继续吸收加重病情；由口服引起的中毒，未超过 2 h 的可用催吐剂催吐或进行洗胃，同时配合吸附剂促进毒物的排出。

［处方 1］0.2% ～ 0.5% 硫酸铜，内服，0.05 ～ 0.1 克/次。

［处方 2］1% 硫酸锌，0.2 ～ 0.4 克/次，内服。

［处方 3］0.1% ～ 0.2% 高锰酸钾，20 ～ 50 mL 灌肠洗胃。

［处方 4］活性炭（吸附毒物使之从粪便中排出），3 ～ 6 g/kg，内服。

2. 特效解毒药

（1）乙酰胆碱拮抗剂。药品为阿托品（M 胆碱受体阻断剂）。原则是及时、足量、重复给药，直至犬达到阿托品化。注意防止阿托品中毒，用药剂量为 0.2 mg/kg，静脉推注，每间隔 1.5 ～ 2 h 药量减半，重复给药 2 次。当犬出现阿托品化时，逐渐减量至停止用药。需注意，减量过快或停药过早易引起"反跳"现象的发生，即在当时中毒症状已经消失，但出院后出现病情危急变化，甚至死亡。

（2）胆碱酯酶复活剂。药品为解磷定、氯磷定、双解磷，用药越早越好。其特点是消除肌肉震颤、痉挛作用快，但对消除流涎、出汗现象作用差，因此需与阿托品配合使用。碘解磷定的用量为 20 mg/kg，静脉注射。酶复活剂在犬体内代谢快，药效短，如碘解磷定可维持 1.5 ～ 2 h，应用时必须重复给药才能维持较高的血药浓度。每隔 1.5 h 重复减半用药，治疗时间为 4 ～ 6 h。

（3）辅助治疗。呕吐、腹泻严重者需静脉输液治疗。使用保肝药以加强肝脏解毒功能，适量静脉滴注葡萄糖液、维生素 C、葡醛内酯（肝泰乐）等。发生肺水肿时，静脉滴注高渗葡萄糖液。出现呼吸衰竭时，将犬移置于通风处，并给予抗生素、镇静剂、强心剂、呼吸兴奋剂等。

三、肉毒梭菌中毒（botulism）

肉毒毒素是已知的毒性最强的物质，中毒可能是由口服或吸入肉毒毒素引起的，在犬中表现为进行性、对称性、上升性的瘫痪，骨骼肌肉麻痹和呼吸衰竭导致死亡。

【病因】

吸入中毒或因食用了腐尸、变质的肉和堆肥用的腐骨而经胃肠道吸收引起中毒，也可以由带有厌氧组织的伤口吸收肉毒毒素引起中毒。

【临床症状】

进行性的四肢无力或麻痹发生在暴露后的 12 h 至 6 天，可能症状包括进行性的、对称的麻痹和/或由下肢上升到胸肢的麻痹；颅神经的征兆包括瞳孔散大、瞳孔对光反应迟钝、眼睑反射减少和发声变弱；眼睑反射减少可能引起角膜炎和结膜炎；呼吸形式为胸式呼吸；常见心动过缓、尿潴留和便秘；没有丧失意识和痛觉，通常犬的尾巴仍会摇摆。

【诊断】

自然发生的肉毒梭菌中毒病犬可能接触过动物腐尸、垃圾、粪便；A 型肉毒毒素可通过肺吸收，曾被作为生化武器使用，因此若为吸入暴露，则病犬中毒时出入的地区可能有出现恐怖行动的迹象。

确诊肉毒梭菌中毒需要进行毒素鉴定，大部分诊断实验室可进行该毒素分析，需要至少 4 mL 血清、50 g 呕吐物、粪便或摄取的食物样本，建议提前致电确认所需样本。吸入暴露的情况下，暴露 24 h 内获得的鼻腔黏膜样本是最好的诊断样本。

【治疗】

肉毒梭菌中毒通常使用辅助疗法，包括维持水化和营养支持。犬出现低氧血症时需要进行气管切开和间歇正压通气等氧气疗法。对于能吞咽的病犬，可以人工喂食和喂水；若病犬无法下咽，则需要进行鼻饲、食管造瘘或胃造瘘术。使用软床并经常翻身以防止褥疮和肺不张。除此之外，还可以使用眼膏防止角膜炎，使用温水灌肠及导尿。

毒素未进入神经元时可以使用抗毒素，已进入则抗毒素无效。若可以使用抗毒素，则在接触 5 天内尽快将 5 mL 抗毒素静脉注射或肌内注射给药 1 次。抗毒素中含有马血清，易过敏，因此在给药前应进行皮试，同时注意过敏反应，治疗过程中也应随时准备治疗过敏反应。

四、动物毒素中毒

（一）蛇毒中毒（snake venom posoning）

我国常见的且危害较大的毒蛇主要有眼镜蛇科（包括眼镜蛇、眼镜王蛇、银环蛇、金环蛇、海蛇）、蝰科（包括短尾蝮、竹叶青蛇、粪吻蝮、原矛头蝮）等，了解犬所在区域常见的毒蛇种类并常备对应毒液类型的抗蛇毒血清能减少蛇毒中毒的危害。

【病因】

搜救犬在野外进行训练或工作时容易被毒蛇咬伤。犬被毒蛇咬伤时，中毒反应的严重程度主要取决于咬伤部位，伤口越接近中枢神经（如头面部）及血管丰富的部位，症状越严重。

【临床症状】

系统性的临床症状包括疼痛、无力、头晕、恶心、血小板减少等，根据蛇毒的作用类型大致可分为神经毒和血循毒。被分泌神经毒的金环蛇、银环蛇等咬伤后，会出现四肢麻痹无力、呼吸及吞咽困难、心律不齐、瞳孔散大，继而全身抽搐、低血压、休克，最后因呼吸、循环衰竭而死亡。竹叶青蛇、尖吻蝮、原矛头蝮、圆斑蝰等分泌血循毒，常引起溶血、出血、凝血、毛细血管壁损伤及心肌损伤，被咬伤后局部症状明显，伤口及其周围出现肿胀、热硬、剧痛，皮肤发生水泡、血泡、皮下出血，以致局部坏死、溃烂，毒素不断蔓延，局部淋巴结肿大、压痛；全身战栗，继而发热，脉搏增快，血压降低；重症患者呼吸困难，最后因心脏衰竭而死。短尾蝮、眼镜蛇和眼镜王蛇的蛇毒中两种毒素都有，所以中毒后神经系统和血液循环系统都会受到损害，以神经毒的症状为主，一般先发生呼吸衰竭再发生循环衰竭。需要注意的是，局部症状的严重程度不一定反映全身症状的严重程度。

【治疗】

（1）防止蛇毒扩散。保持病犬平静，咬伤部位尽量保持在心脏水平以下；伤口绑扎，绑扎位置在离伤口近心端约 10 cm 处，以阻断静脉、淋巴回流，但避免影响动脉血的供应，每半小时松绑 2 ~ 3 min，排毒和注射抗血清后即可解绑，若咬伤 2 h 以上则无须绑扎。

（2）及时清创排毒。用清水、肥皂水、双氧水或 1∶5000 的高锰酸钾溶液清洗伤口，清除伤口内的毒蛇断牙及污物。以咬伤的牙痕为界纵向切开伤口，使用双氧水或高锰酸钾溶液清洗，同时挤压周围皮肤促进毒液排出。尖吻蝮、泰国圆斑蝰咬伤且存在出血现象时应避免切开伤口，以防出血不止。向创内或周围局部点状注入1%高锰酸钾溶液、胃蛋白酶以破坏蛇毒，还可以使用0.5%普鲁卡因液进行局部封闭。

（3）注射抗蛇毒血清。早期应用抗蛇毒血清更有效，一般建议咬伤后4 h内使用。咬伤部位在躯干、舌头或血管内时需要及时、积极地应用抗蛇毒血清，犬的平均剂量一般为1～2瓶。应缓慢静脉输注，没有过敏反应的情况下加快输液速度，整个初始剂量应在30 min内输完，然后根据临床症状和实验室检测再次评估病犬。若出现过敏反应，一般停止注射抗蛇毒血清后过敏反应会停止，再应用苯海拉明Ⅳ（小型犬10 mg，大型犬25～50 mg），等待5 min后以较慢的速度重新注射抗蛇毒血清；或停止输注抗蛇毒血清，应用肾上腺素、类固醇和晶体液输液治疗。

（4）对症治疗。毒蛇咬伤病犬可能出现休克、循环衰竭等症状，需要及时补液扩容、纠正酸中毒、使用广谱抗生素防止感染。

（二）蜂毒中毒（bee venom posoning）

蜂属于膜翅目昆虫，膜翅目主要包括蜜蜂科（蜜蜂）和胡蜂科（黄蜂、大黄蜂、小黄蜂等）等。蜜蜂的毒刺具有倒钩，蜇叮时螫针和毒液囊留在受害者皮肤内，蜜蜂不久后死亡，而黄蜂、大黄蜂、小黄蜂的螫针没有倒钩，可多次蜇刺。胡蜂更有攻击性，蜜蜂相对比较温顺，但在蜂巢遭受攻击时也可能有激烈的表现。

【病因】

蜂毒是蜂类尾部毒囊分泌的毒液，蜂类能够通过腹部末端特化的产卵器蜇伤犬，同时注入毒液而引起中毒，也可能因食入蜂体而引起中毒。

【临床症状】

犬被蜇时可能大声吠叫，并且在地上摩擦自己的嘴巴和眼睛，迅速出现皮肤反应。局部反应表现为红斑、水肿和疼痛，呈捏粉样肿胀，穿刺可得黄红色渗出液，呈自限性，非IgE介导的病变在24 h内就会自行消退。

更严重时会出现由过敏机制介导的区域反应，表现为多个部位发生红斑、局部水肿，还可能导致口咽部水肿，出现呼吸障碍，口腔内被蜇伤时可能发生气道阻塞而导致死亡。犬可能出现的过敏反应包括排尿、排便、呕吐、肌肉无力、呼吸抑制，最终可能发生癫痫。一般在被蜇伤后的15 min内出现过敏症状，若30 min内还没出现，就不太可能发生过敏反应，死亡通常发生在被蜇伤后的60 min内。

后期或大量毒液蜇入的犬可能发生溶血、结膜苍白黄染、血红蛋白尿、严重贫血、血压下降，还可表现出发热和显著的精神抑郁，以及神经症状如面瘫、共济失调、癫痫等，最终往往由于呼吸麻痹而死。

【治疗】

蜂毒中毒应尽快排毒、解毒、脱敏、抗休克及进行对症治疗。大部分的轻度局部反应会在几小时内自行恢复。可对肿胀部位用三棱针进行皮肤锥刺，用3%氨水、肥皂水或0.1%高锰酸钾冲洗，再用5%碳酸氢钠溶液涂擦患部以排毒消肿。0.25%的普鲁卡因加适量青霉素注射于肿胀周围进行封闭以防止肿胀扩散。

出现较严重的区域反应时可给予皮质类固醇药物（如泼尼松龙琥珀酸钠10 mg/kg静脉注射，接着口服强的松1 mg/kg，每天2次，并在3～5天逐渐减少口服量）。在低血压时进行连续静脉输注生理盐水，以维持尿量稳定。

出现过敏时应立即给予皮下注射1∶1000肾上腺素（0.1～0.5 mL），每10～20 min可以重复1次。静脉输液以防止血管性虚脱和休克，应给予大量晶体液（90 mL/kg），可应用抗组胺药和皮质类固醇，如用0.5%氢化可的松溶液100 mL配合糖盐水静脉滴注。

注意保持病犬呼吸道通畅，准备好气管插管和吸氧设备。可使用卡洛芬（每12 h口服2.2 mL/kg）或曲马多（每8 h口服2～4 mL/kg）来缓解疼痛。可应用高渗葡萄糖、5%碳酸氢钠、40%乌洛托品、钙剂及维生素B_1或维生素 C 等以保肝解毒，配合祛风解毒功效的中药。

第六节 急 救 处 理

搜救犬在饲养管理、训练或工作过程中，容易发生各种意外伤病，如中暑、外伤、中毒等，此时兽医通常不在身边，需要训导员对病犬采取及时有效的急救处理，以减轻病犬痛苦，为兽医的治疗争取时间，还可能挽救危重症犬的生命。本节列述了几种犬常见的需要急救的情况及急救方法。

一、中暑（geat exhaustion）

中暑是热射病和日射病的统称。日射病是指阳光长时间直射犬头部后，犬脑膜充血、脑实质发生急性病变，中枢神经系统损伤、功能障碍的疾病；热射病指的是在高温高湿、通风不良的环境中，机体体温调节紊乱，体内积聚大量热量和氧化不全的中间代谢产物，最终导致自体中毒的疾病。大型犬更易发生中暑。犬正常体温一般为37.5～39 ℃，犬中暑后，一开始表现为体温上升、快速喘气、流涎、心跳加快，末梢静脉怒张，随着体温继续上升，出现黏膜发绀、静脉淤血、衰弱、虚脱、循环障碍、神经症状，可伴发肺水肿和肺充血，此时犬张口伸舌，呼吸浅，口、鼻喷白沫或血沫。个别犬突然倒地，肌肉痉挛，抽搐昏迷后急性死亡。体温达到40.5 ℃时内脏器官开始受损，在高热高湿气候下最短20 min 就可能使犬的各系统衰竭而死亡。

【急救处理】

立即停止训练或工作，解开项圈、胸带，卸下犬身上的物品，快速将犬移离高温环境，移至阴凉通风的地方休息。若犬能够饮水，可以给予适量凉水，有条件的给予凉的淡盐水。用凉水在犬腋下、耳部、四肢内侧等部位冲洗或用湿毛巾擦拭，注意避开心肺区，体温降到39 ℃左右即可停止人工降温。急救处理完毕后迅速将犬送至动物医院进行后续治疗。

二、外伤创口（trauma）

犬被外界物体的打击、碰撞或化学物质的侵蚀等造成皮肤创口。一般的外伤经过清创、止血及包扎都能得到有效治疗，而一些大的开放性伤口则需要当场急救处理后尽快送往动物医院。

（一）一般外伤

适用于小创口出血。

【急救处理】

使用矿泉水、纯净水或冷开水等冲洗伤口，去除伤口表面污物，若有玻璃碎渣等异物也需要尽量去除干净，然后用干净毛巾或其他软质布料覆盖包扎。有条件的可以使用生理盐水冲洗，再用消毒纱布覆盖创口。创口较大且出血较多时要使用加压包扎法止血。

（二）开放伤口

适用于犬皮肤、肌肉或其他组织的裂开，以及更严重的骨折断端外露、腹腔脏器、颅脑组织外溢等情况。

【急救处理】

用干净的毛巾或软质布料覆盖伤口，进行严密地包扎，包扎范围应超出伤口边缘5 ～ 10 cm，注意尽量不要用手直接接触伤口。有腹部脏器溢出或脑组织膨出时，不可直接加压包扎或强行还纳脏器，应在溢出或膨出的组织周围用纱布、毛巾等围起一道"围墙"，接着用合适大小的干净搪瓷碗或其他能起保护作用的器皿罩上，再包扎固定。骨折外端外露时应加以固定防止其活动。

三、外伤出血（traumatic hemorrhage）

外伤出血有外出血和内出血，内出血情况一般比较严重，需要紧急送至兽医处处理。外伤导致的出血以外出血居多，若出血得不到有效控制可能会导致失血性休克，有大量外出血时可根据情况选择以下 3 种止血方法进行处理。

（一）指压止血

适用于急剧动脉出血和大静脉出血，是在手头无包扎材料和止血带时使用的临时性的止血方法。

【急救处理】

用手指将出血部位近心端的血管按压在周围组织上，使血流中断、血管闭塞。股动脉出血时，可用两手拇指重叠放在腹股沟韧带中点稍下方，大腿根部搏动的位置，用力垂直向下压迫。

（二）加压包扎止血

适用于小动脉、静脉出血后的止血。

【急救处理】

伤口覆盖无菌敷料后，用纱布、毛巾、棉花等折叠成相应大小的敷料，置于无菌敷料上方，然后用绷带、三角巾等包扎，松紧以出血停止为度。伤口有骨碎片时禁用此法，否则会加重损伤。

（三）止血带止血

适用于四肢较大动脉出血，使用其他方法无法有效止血时可选用止血带止血法。

【急救处理】

一般选用橡皮材质的止血带，也可以使用宽布条、毛巾等用作止血带。结扎部位：动脉出血时选择在出血部位近心端 1 ～ 3 cm 处结扎，静脉出血时选择出血部位远心端一侧进行结扎。需先用毛巾、布块等做成平整的衬垫，再缠绕止血带止血。

注意使用止血带时要控制好力度和时间，以阻止出血为目的，避免结扎力度过大而导致周围组织受损。扎好止血带后，需记录结扎时间，每0.5～1 h松开1次，放松3～5 min后再次结扎，放松时可暂时用手指压迫止血。

四、烧伤（empyrosis）

热力（如火焰、热蒸汽、热金属等）、化学物质（如酸、碱等）及电流、激光等所造成的皮肤损害都属于烧伤。对于大面积、重度的或有并发症的烧伤，正确的急救与治疗对病犬的恢复和预后有重要意义。

【急救处理】

主要处理是灭火，清除犬身上的致伤物质，保护创面，抢救窒息病犬，有条件者注射止痛药等药物防止休克。

首先迅速使犬远离火源，并命其卧倒、打滚以压灭火苗，避免出现犬乱跑或用爪抓火焰的现象，否则会加重损伤程度；可由他人辅助，使用水或一些覆盖物灭火；对于凝固汽油引起的火焰（红色火焰伴有大量黑烟）可用湿布覆盖或用水灭火，但不可扑打灭火。灭火后剪下烧伤处皮毛避免再次损伤，用凉水冲洗受伤部位或将其浸入凉水至少10 min，以降低局部温度和止痛。用酒精消毒创面周围皮肤，或用0.1%的新洁尔灭消毒创面和创面周围皮肤，最后涂抗菌软膏。有条件者可注射吗啡止痛。若烧伤表浅，只有少许大水泡时可涂抹京万红、紫草膏等；大面积烧伤应紧急送往动物医院救治，需密切注意病犬的呼吸及脉搏，防止出现休克，必要时施以休克急救法。转运时应在伤处盖上清洁的敷料以防细菌感染和再次损伤，中途可给犬饮用淡盐水。

注意事项：①不可在创面涂油脂，会阻止散热。②不要弄破水泡。③若水泡破开，应予以包扎；四肢、胸、背等部位的烧伤一般需给予无菌纱布包扎。④不要对着伤处咳嗽或喷气。

五、骨折（fracture）

骨折一般分为开放性骨折和闭合性骨折。局部主要表现为疼痛、肿胀、功能障碍等，行走时患肢多悬空，有时能听到骨摩擦音。

【急救处理】

急救处理包括止血和临时包扎固定。首先应限制犬的运动，避免骨折断端对周围组织造成二次损伤。若伤口出血严重，可使用加压包扎止血法，防止犬失血过多。对骨折部位进行临时包扎固定，用夹板固定骨折是最简单有效的方法。先用棉花、软物等垫好后再上夹板，夹板材料可就地取材，使用小木板条、木棒、树枝、硬纸板、竹竿、手杖等。注意绑扎力度不能过紧，以防骨折部位远心端血液循环障碍。

四肢骨折时将断骨上、下方两个关节固定，以避免骨折部位移动。脊柱骨折时要将犬平抬平放在硬板上再给予固定，一定要使脊柱保持挺直状态。肋骨骨折时若没有出现明显呼吸困难，则可以在呼气末时用宽布或柔软织物紧贴胸廓绑扎好，以限制胸腔的呼吸运动，减少痛苦。

六、关节扭伤（joint sprain）

犬在快速运动后的急停，以及非平路运动中易发生关节扭伤，表现为扭伤部位疼痛、肿胀、皮下淤血、跛行等。

【急救处理】

立即让病犬休息，不可再带犬活动。用冰袋冷敷患处，或用冷水冲、冷湿毛巾覆盖以减少渗出。然后使用绷带包扎患处。24 h 后可采用药物治疗，可选择红花油、云南白药、沈阳红药等药物治疗，目的为止痛和消肿。最好带犬到医院做 X 射线检查，以排除骨折的可能。

七、中毒（toxicosis，intoxication）

毒物主要通过皮肤接触、经消化道吸收、叮咬等方式引起动物中毒，不同中毒方式，动物的急救处理不同。

（一）接触中毒

【急救处理】

毒物经皮肤吸收引起的中毒应首先使用冲洗法。用清水或肥皂水（敌百虫中毒不可用肥皂水）反复冲洗患病犬体表的皮肤和被毛，直至洗净。注意不要过分擦洗皮肤，容易导致皮肤受损，使毒物吸收加强；冲洗犬时操作者应注意安全防护，防止接触毒物。

（二）经消化道吸收中毒

【急救处理】

（1）催吐法。摄入毒物后短时间使用催吐法效果较好，超过 4 h 则不宜使用，虚弱、昏迷、咽麻痹及摄入腐蚀性毒物的犬不可催吐。对犬可以使用

3%的双氧水，灌服，1～2.2 mL/kg（总剂量一般不超过45 mL），完成催吐后应给予保护胃黏膜的药物；或用阿扑吗啡0.04 mg/kg静脉注射或0.08 mg/kg肌内注射或皮下注射；还可以使用0.2%～0.5%硫酸铜，口服，0.05～0.1克/次。首次给药后没有发生呕吐可以重复给药1次，但过多可能对胃有刺激，催吐后应尽快送往医院。

（2）洗胃。不能催吐或催吐后未能达到预期的情况下，可进行洗胃，摄入毒物2 h内洗胃效果较好。洗胃液可使用1%～2%温盐水、温水或温肥皂水，加入0.02%～0.05%的活性炭可增强洗胃效果。小心插入胃管后，迅速向胃内注射洗液，洗液量为5～10 mL/kg，洗液进入胃内后再尽快回抽胃内液体，反复操作数次，直到胃内容物充分洗出为止。

（3）可灌服蛋清、牛奶等中和毒素，保护胃肠黏膜。

（4）吸附法。将活性炭溶于水中（1 g活性炭可溶于5～10 mL水中），2～8 g/kg，用50 mL注射器灌服，每天3～4次，连续2～3天。灌服活性炭30 min后必须服用硫酸钠泻剂，应用活性炭时禁用吐根糖浆。

（5）导泻法。使用具有导泻作用的药物促进毒物的排除。硫酸钠和硫酸镁都可以使用，硫酸钠效果更强且更安全，均按1 g/kg灌服；也可使用液体石蜡，按5～50 mL灌服。治疗中毒症禁用植物油。

（6）特异性解毒剂。有证据表明某种毒物中毒时可使用相应的解毒药物。

（三）叮咬中毒

犬毒素中毒时最好能够拍下致伤犬的照片或记录下特征，以便兽医进行后续的治疗。

【急救处理】

1. 毒蛇咬伤

（1）防止蛇毒扩散。保持病犬平静，尽可能使咬伤部位低于心脏水平；伤口绑扎，绑扎位置在离伤口近心端约10 cm处，每半小时松绑2～3 min，经过排毒和注射抗血清后即可解绑，若咬伤2 h以上则无须绑扎。

（2）及时清创排毒。用清水、肥皂水、双氧水或1∶5000的高锰酸钾溶液清洗伤口表面。以咬伤的牙痕为界线切开伤口，使用双氧水或高锰酸钾溶液彻底清洗，挤压周围皮肤促进毒液排出。尖吻蝮等蛇咬伤且存在出血现象时应避免切开伤口，以防出血不止。向创内或周围局部点状注入1%高锰酸钾溶液、胃蛋白酶以使蛇毒先活。

（3）注射抗蛇毒血清。早期应用抗蛇毒血清更有效，一般建议被咬伤后4 h内使用。

2. 蜂类蜇叮

应尽快排毒、解毒、脱敏、抗休克。可对肿胀部位用三棱针进行皮肤锥刺，用3%氨水、肥皂水或0.1%高锰酸钾冲洗，再用5%碳酸氢钠溶液涂擦患部以排毒消肿。0.25%的普鲁卡因加适量青霉素注射于肿胀周围进行封闭以防止肿胀扩散。出现过敏时应立即给予皮下注射 1：1000 肾上腺素（0.1 ～ 0.5 mL），每10 ～ 20 min 重复 1 次。静脉输液以防止血管性虚脱和休克。

八、休克（shock）

休克是因强烈损伤引起的急性全身性危重病理过程，主要特征是重要器官微循环灌注量急剧减少。犬在大出血、剧烈创伤或长时间运动后引发低血糖都可能出现休克。

【急救处理】

除心因性休克外的其他类型休克，治疗的第一步都是通过静脉输液快速恢复有效循环血量和组织灌流量，并保持呼吸道通畅，必要时给予氧气和人工换气。快速在中央或外周静脉置入短而大口径的留置针，并给予静脉输液，一般使用等张晶体溶液，剂量为90 mL/kg，每次给予1/4 ～ 1/2 的剂量（30 ～ 40 mL/kg），输完后评估病犬状态，慢慢调整输液量。

可给予3.5%、7%或7.5%氯化钠溶液，2.5 mL/kg，以5 ～10 min缓慢静脉注射给予，避免给予已有高血钠的病犬。病犬有凝血障碍而不是需要补充体液时可给予血浆，有严重贫血时可给予浓缩红细胞或血液，必要时可给予血管加压剂。

第七章 搜救犬的康复

犬的康复治疗是指使用特定的非侵入性治疗帮助患病犬复健，包括按摩、运动、光、热、冷、电、超声波、激光、磁疗、水疗等，主要针对运动障碍、骨科术后、瘫痪康复后期等，以及赛犬、工作犬的训练。犬和人类一样，在病情变得严重之前尽早开始康复治疗，能使犬提高关节和肌肉的健康程度，增加力量、灵活性、平衡性和协调性，有助于犬在受伤、疾病或手术后康复，减缓疾病的疼痛，从而提高活动能力和生活质量。

搜救犬高强度的训练或工作会对机体产生过劳性的损伤，若只是长时间、过度休息，对搜救犬的康复是无意义的，通过适当刺激损伤区域的循环可以提高恢复的速度和程度，尽快使犬只恢复正常功能，并恢复受伤身体部位的全方位运动和力量，方能使它们在救援工作中继续大放异彩。

康复治疗是一整套有完整理论指导的操作，不同疾病涉及的治疗方法种类不定，具体还需要根据兽医对病例所呈现的情况进行初步评估后再制订合适的康复计划。康复治疗常用于以下 3 类疾病：

（1）骨关节疾病。如关节炎/退行性关节病、髋关节发育不良、髌骨脱位、十字韧带断裂等。

（2）神经性疾病。如 Hanse Ⅰ/Ⅱ型椎间盘疾病、前庭综合征（如歪头、面瘫）等。

（3）其他。如术后伤口恢复、肥胖、肌肉萎缩等。

第一节 传统康复训练

传统康复是应用中兽医理论和方法进行康复治疗，以阴阳五行、脏腑经络、气血津液、病因病机等学说为基础，以四诊了解病情为依据，在整体观念和辨证论治为特点的指导下对犬进行诊疗和保健，并创造出了适合犬的中药、针灸、推拿、食疗、运动等方法。

在临床上，一般将望、闻、问、切四诊方法有机结合起来，以全面地诊察犬在病变过程中所出现的症状与表现，以便于掌握疾病的起因、病机，为辨证论治提供依据，从而做出合理诊断。望诊，是指利用眼睛看犬整体和局部的形态特征，以及被毛皮肤、分泌物、排泄物等变化细节，还有舌诊。闻诊，是通过听觉和嗅觉来听声息、闻气味的诊断方法。问诊，是通过询问饲养人员犬近期的情况，包括病史、生活史、旅行史、饮食、二便情况等以调查了解有关病情。切诊，分为切脉和触诊，是用手指进行切、按、触、叩，根据脉象推断病情，犬脉诊部位为股内动脉或前肢内侧正中动脉。有时只需望闻问切即可辩证，有时则需要借助现代检查手段进一步判断病位。

一、针灸疗法（acupuncture therapy）

针灸是针刺疗法和艾灸疗法的总称。病邪经由气血的途径进入机体而引起某种病变出现后，在经络循环通道上就会产生明显的疼痛点、结节及条絮状反应物，而它们也会在犬一定的部位上产生身体形态、体温、表皮色泽等相应改变。而针灸疗法就是运用各种不同的针具插入犬特定点，或用艾灸材料产生艾热等方法，对犬体表腧穴或特定部位施加一定的刺激，激发经气的活动，以疏通经气，扶正祛邪，调整犬机体各脏腑的气血功能，从而达到治疗目的。主要针对颈椎腰椎病、关节炎、面瘫等各种痹症、痿症、痉症及内科问题等。针术和灸术虽然是两种不同的方法，但同属于外治法，通常会并用。

【针灸用具】

在实施针灸前，根据不同的针灸方法应该提前备足所用的针灸用具，现在中兽医临床多使用人用一次性无菌针灸针，均为不锈钢材质，具有较高的强度和韧性，不易生锈，但在使用前如果检查发现有弯折、污染的情况，则不能使用。目前，兽医临床上常用的针灸用具有如下4种：

（1）毫针。由不锈钢制成，针体直径为 0.16～1.5 mm，长度有 1.3 cm、2.5 cm、3 cm、4.5 cm 等多种不同的规格，是临床上最常用的针具。适用于犬、猫等小动物的白针穴位，还能用于针刺和针麻。

（2）三棱针。针身呈三棱状，有大、小两种规格。因其针身较粗、针尖锋利，常作为刺络放血的工具。用于针刺通关、三江等位于比较细的静脉或静脉丛上的穴位。

（3）宽针。形如矛尖，有大、中、小3种规格。小宽针针长约10 cm，针锋宽约4 mm，犬常用于点刺或直刺使之出血。

（4）艾炷、艾卷。临床上施灸用具使用最广泛的是艾炷和艾卷，两者均由艾绒制作而成。艾绒是将艾叶经晾晒捣碎后除去杂质制成，具有易于燃烧、热力温和持久、穿透力强等特点，温通散寒作用明显。

【针刺方法】

施术的过程中还需对犬进行适当的保定，选取好穴位，用酒精、碘伏消毒后方可施针。针刺的基本操作包括定穴、持针、进针、行针、留针、退针六个步骤。进针有缓、急两种刺法，缓刺法适用于毫针的进针，实施者左手切穴，右手持针先将针尖刺入皮下，再夹持针柄捻转缓慢进针，直至所需深度，如果所刺部位皮肤较厚，可借用套管进针。急刺法则多用于宽针、三棱针的进针，持针手拇指和食指固定一定的针刺深度后，针尖对准穴位的中心迅速刺入所需深度。不同的部位也会采用不同的进针角度，一般有直刺、斜刺、横刺3种方法，如图7-1所示。直刺适用于大部分腧穴；斜刺多用于骨骼边缘、肌肉较薄，以及靠近重要脏器、脉管等部位的不宜深刺的穴位；平刺适用于皮薄肉少的部位，如头面处穴位。深浅度则按犬体、病情、穴位而定。

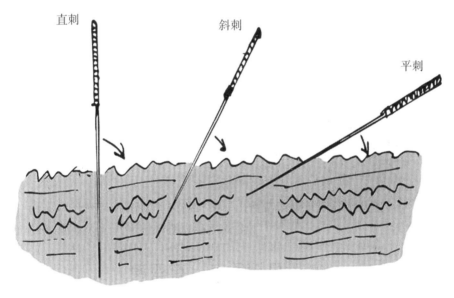

图7-1　针刺入针角度（图片来源于《犬猫中医入门——附针灸按摩图谱》）

进针至所需深度后，可根据病情采用捻转、提插等行针手法使犬出现"得气"反应，如图7-2所示，每次2～3 min。体质较强的犬，行针幅度可以增大，同时速度加快，增强刺激以提高疗效。留针时长一般为15～30 min，其间每隔5～10 min可行针1次；留针时间到后，用左手夹持针体，右手同时捻转退针。

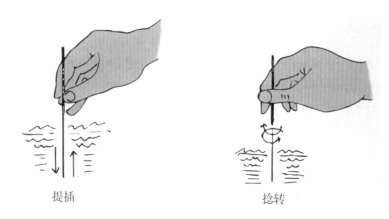

提插   捻转

图7-2　针灸手法（图片来源于《犬猫中医入门——附针灸按摩图谱》)

【针刺异常情况】

针刺治疗如果不按规定操作或手法运用不当，临床上常会出现滞针、弯针、折针、出血、血肿等异常情况。

（1）滞针。在行针时发生捻转、提插困难的现象，大多是由局部肌肉强烈收缩引起的。此时切忌强力硬拔，应该停针片刻，在邻近部位按揉，消除紧张情绪，待缓解后再行施针。

（2）弯针。当进针用力过猛、过快，或犬躁动不安未保定好导致针下碰到较硬的组织时会引起该现象。此时不能用力拔针，应等到犬安静后再顺着弯曲方向慢慢将针取出。

（3）折针。行针过程中因针具质量较差，或者进针后犬乱动改变体位导致。此时为防止断针越陷越深，不能随便移动犬的原位置，有残端露在皮肤外的，可直接用镊子夹出；若断针完全陷入皮内，则需要采用手术方法寻取。

（4）出血、血肿。在血针针刺的部位比较常见，原因多是行针时刺伤穴部血管。出血者可立即用干棉球压迫针孔止血，而出现血肿的可先进行冷敷止血，再用温敷法配合局部按揉促使瘀血消散吸收。

【艾灸】

艾灸疗法是点燃由艾绒制成的材料，借助灸火的热力作用熏灼犬腧穴，以防治疾病的方法。艾叶味苦辛、性温，归肝、脾、肾经，有散寒止痛、温经止血的功能，结合灸法的温热效应，深入体内，艾灸就具备了温经散寒、行气通络、扶阳固脱的作用。多用于各种虚寒证，如风寒湿痹引起的天冷腰疼、关节痛，中焦虚寒引起的呕吐、腹痛，气虚下陷导致的脱肛等。日常灸足三里穴可以补肾益气、健脾胃，有增强犬的抗病能力，起防病保健作用。

临床上一般包括艾条灸、艾炷灸、艾盒灸等艾灸方法。

（1）艾条灸。这是应用最多的一种艾灸方式，适用于全身各个部位，分为温和灸、回旋灸等方式。温和灸是在离穴位 1 ～ 2 cm 处进行持续的熏灼，使皮肤有温热感，又不至于灼痛。回旋灸是将艾条点燃后在距离皮肤 3 ～10 cm 处平行往复左右移动或者反复旋转，以出现红晕为宜。

（2）艾炷灸。分为直接和间接两种方式。直接灸即将艾炷直接放在犬皮肤穴位上艾灸；间接灸则先将姜片、蒜片、附子饼等物质放在皮肤穴位之上，再放艾炷进行熏灼。

（3）艾盒灸。可借助温灸盒施行，将艾条放在艾盒内，再将艾盒放在穴位上艾灸，这种方法可以增加艾灸部位的面积且不易烫伤皮肤。

需注意的是，热证、阴虚、空腹的犬不适合进行艾灸，大惊大恐、极度抗拒的犬也不能强硬进行操作，避免耗气或者意外烫伤。

【犬的常用针灸穴位及适应证】

穴位，中医又称为腧穴，是针灸的刺激点，也是气血汇聚、输注的特殊部位。在临床治疗上针灸的治疗效果与定穴是否准确密切相关，因此掌握常用腧穴的位置及其对应的适应证与针法至关重要。腧穴在犬体上都有固定的位置，命名则主要参考人体穴位的命名，但是由于生理上的差异，部分穴位的名称有所不同，如图 7 - 3、图 7 - 4 所示。

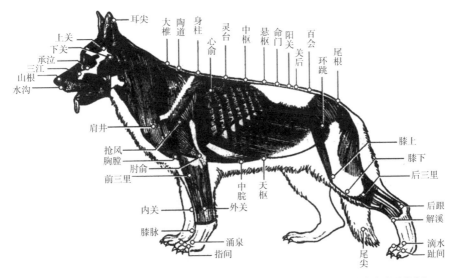

图 7 - 3　犬的肌肉及穴位（图片来源于《中兽医学（国家重点出版规划)》）

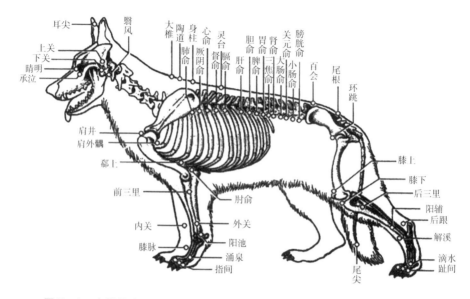

图7-4 犬的骨骼及穴位（图片来源于《中兽医学（国家重点出版规划)》)

1. 头部穴位

头部穴位见表7-1。

表7-1 头部穴位

穴名	定位	针法	主治
人中	上唇唇沟上、中1/3交界处；一穴	毫针或三棱针直刺0.5 cm	中风，中暑，支气管炎
山根	鼻背正中有毛无毛交界处；一穴	三棱针点刺0.2～0.5 cm，出血	中暑，中暑，感冒，发热
三江	内眼角下的眼角静脉上；左右侧各一穴	三棱针点刺0.2～0.5 cm，出血	便秘，腹痛，目赤肿痛
承泣	下眼眶上缘中部；左右侧各一穴	上推眼球，毫针沿眼球与眼眶之间刺入2～3 cm	目赤肿痛，睛生云翳，白内障
睛明	内眼角上、下眼睑交界处；左右眼各一穴	外推眼球，毫针直刺0.2～0.3 cm	目赤肿痛、移泪，云翳

续表 7 - 1

穴名	定位	针法	主治
上关	下颌关节后上方，下颌骨关节突与持弓之间的凹陷中；左右侧各一穴	毫针直刺 3 cm	歪嘴风，耳聋
下关	下颌关节前下方，颧弓与下颌骨角之间的凹陷中；左右侧各一穴	毫针直刺 3 cm	歪嘴风，耳聋
翳风	耳基部下颌关节后下方，乳突与下颌骨之间的凹陷中；左右侧各一穴	毫针直刺 3 cm	歪嘴风，耳聋
耳尖	耳郭尖端背面的静脉上；左右耳各一穴	三棱针或小宽针点刺，出血	中暑，感冒，腹痛
天门	枕寰关节背侧正中的凹陷中；一穴	毫针直刺 1～3 cm，或艾灸	发热，脑炎，抽风，惊厥

2. 躯干部穴位

躯干部穴位见表 7 - 2。

表 7 - 2　躯干部穴位

穴名	定位	针法	主治
大椎	第七颈椎与第一胸椎棘突间的凹陷中；一穴	毫针直刺 2～4 cm，或艾灸	发热，咳嗽，风湿症，癫痫
身柱	第三、第四胸椎棘突间的凹陷中；一穴	毫针向前下方刺入 2～4 cm，或艾灸	肺热，咳嗽，肩扭伤
灵台	第六、第七胸椎棘突间的凹陷中；一穴	毫针稍向前下方刺入 1～3 cm，或艾灸	胃痛，肝胆湿热，肺热咳嗽
中枢	第十、第十一胸椎棘突间的凹陷中；一穴	毫针直刺 1～2 cm，或艾灸	食欲不振，胃炎

续表 7 - 2

穴名	定位	针法	主治
悬枢	第十三（最后一个）胸椎与第一腰椎棘突间的凹陷中；一穴	毫针斜向后下方刺入1～2 cm，或艾灸	风湿症，腰部扭伤消化不良，腹泻
命门	第二、第三腰椎棘突间的凹陷中；一穴	毫针斜向后下方刺入1～2 cm，或艾灸	风湿症，泄泻，腰痿，水肿，中风
阳关	第四、第五腰椎棘突间的凹陷中；一穴	毫针斜向后下方刺入1～2 cm，或艾灸	性功能减退，子宫内膜炎，风湿症，腰部扭伤
百会	腰间十字部，即第七（最后一个）腰椎与第一骶椎棘突间的凹陷中；一穴	毫针直刺1～2 cm，或艾灸	腰胯疼痛，瘫痪，泄泻，脱肛
肺俞	倒数第十肋间背中线约6 cm的髂肋肌沟中；左右侧各一穴	毫针沿肋间向下斜刺1～2 cm，或艾灸	咳喘，气喘
心俞	倒数第八肋间背中线约6 cm的髂肋肌沟中；左右侧各一穴	毫针沿肋间向下斜刺1～2 cm，或艾灸	心脏疾患，癫痫
肝俞	倒数第四肋间背中线约6 cm的髂肋肌沟中；左右侧各一穴	毫针沿肋间向下斜刺1～2 cm，或艾灸	肝炎，黄疸，眼病
脾俞	倒数第二肋间背中线约6 cm的髂肋肌沟中；左右侧各一穴	毫针沿肋间向下斜刺1～2 cm，或艾灸	脾胃虚弱，呕吐，泄泻
三焦俞	第一腰椎横突末端相对的髂肋肌沟中；左右侧各一穴	毫针直刺1～3 cm，或艾灸	食欲不振，消化不良，呕吐，贫血

续表 7 - 2

穴名	定位	针法	主治
肾俞	第二腰椎横突末端相对的髂肋肌沟中；左右侧各一穴	毫针直刺 1～3 cm，或艾灸	肾炎，多尿症，不孕症，腰部风湿、扭伤
大肠俞	第四腰椎横突末端相对的髂肋肌沟中；左右侧各一穴	毫针直刺 1～3 cm，或艾灸	消化不良，肠炎，便秘
关元俞	第五腰椎横突末端相对的髂肋肌沟中；左右侧各一穴	毫针直刺 1～3 cm，或艾灸	消化不良，便秘，泄泻
二眼	第一、二骶椎背骶孔处；左右侧各二穴	毫针直刺 1～1.5 cm，或艾灸	腰胯疼痛，瘫痪，子宫疾病
胸膛	胸前，胸外侧沟中的臂头静脉上；左右侧各一穴	头高位，小宽针或三棱针顺血管直刺 1 cm，出血	中暑，肩肘扭伤，风湿症
中脘	胸骨后缘与肚脐的连线中点；一穴	毫针向前斜刺 0.5～1 cm，或艾灸	消化不良，呕吐，泄泻，胃痛
天枢	肚脐旁开 3 cm；左右侧各一穴	毫针直刺 0.5 cm，或艾灸	腹痛，泄泻，便秘，带下
后海	尾根与肛门间的凹陷中；一穴	毫针稍向前上方刺入 3～5 cm	泄泻，便秘，脱肛，阳痿
尾根	最后骶椎与第一尾椎棘突间的凹陷中；一穴	毫针直刺 0.5～1 cm	瘫痪，尾麻痹，脱肛，便秘，腹泻
尾本	尾部腹侧正中，距尾根部 1 cm 处的尾静脉上；一穴	三棱针直刺 0.5～1 cm，出血	腹痛，尾麻痹，腰风湿
尾尖	尾末端；一穴	毫针或三棱针从末端刺入 0.5～0.8 cm	中风，中暑，泄泻

3. 前肢穴位

前肢穴位见表7－3。

表7－3　前肢穴位

穴名	定位	针法	主治
肩井	肩关节前上缘，肩峰前下方的凹陷中；左右肢各一穴	毫针直刺1～3 cm	肩部神经麻痹，扭伤
肩外俞	肩关节后缘、肩峰后下方的凹陷中；左右肢各一穴	毫针直刺2～4 cm，或艾灸	肩部神经麻痹，扭伤
抢风	肩关节后方，三角肌后缘、臂三头肌长头和外头形成的凹陷中；左右肢各一穴	毫针直刺2～4 cm，或艾灸	前肢神经麻痹，扭伤，风湿症
郗上	肩外俞与肘俞连线的下1/4处；左右肢各一穴	毫针直刺2～4 cm，或艾灸	前肢神经麻痹，扭伤，风湿症
肘俞	臂骨外上髁与肘突之间的凹陷中；左右肢各一穴	毫针直刺2～4 cm，或艾灸	前肢及肘部疼痛，神经麻痹
曲池	肘关节前外侧，肘横纹外端凹陷中；左右肢各一穴	毫针直刺3cm，或艾灸	前肢及肘部疼痛、神经麻痹
前三里	前臂上1/4处，腕外侧屈肌与第五指伸肌之间的肌沟中；左右肢各一穴	毫针直刺2～4 cm，或艾灸	桡、尺神经麻痹，前肢神经痛、风湿症
外关	前臂外侧下1/4处，桡、尺骨间隙处；左右肢各一穴	毫针直刺1～3 cm，或艾灸	桡、尺神经麻痹，前肢风湿，便秘，缺乳
内关	前臂内侧下1/4处，桡、尺骨间隙处；左右肢各一穴	毫针直刺1～2 cm，或艾灸	桡、尺神经麻痹，肚痛，中风
阳池	腕关节背侧，腕骨与尺骨远端之间的凹陷中；左右肢各一穴	毫针直刺1 cm，或艾灸	腕、指扭伤，前肢神经麻痹，感冒

续表7-3

穴名	定位	针法	主治
膝脉	腕关节内侧下方，第一、二掌骨间的掌心浅内侧静脉上；左右肢各一穴	三棱针或小宽针顺血管直刺 0.5～1 cm，出血	腕关节肿痛，屈腱炎，指扭伤，风湿症，中暑，感冒，腹痛
涌滴（前肢称涌泉，后肢称滴水）	第三、四掌（跖）骨间的掌（跖）背侧静脉上；每肢各一穴	三棱针直刺 1 cm，出血	风湿症，感冒
指（趾）间（六缝）	足背指（趾）间，掌（跖）、指（趾）关节水平线上，每足三穴	毫针斜刺 1～2 cm，或三棱针点刺	指（趾）扭伤或麻痹

4．后肢穴位

后肢穴位见表7-4。

表7-4　后肢穴位

穴名	定位	针法	主治
环跳	股骨大转子前方，髋关节前缘凹陷中；左右侧各一穴	毫针直刺 2～4 cm，或艾灸	后肢风湿，腰胯疼痛
肾堂	股内侧上部皮下隐静脉上；左右肢各一穴	三棱针或小宽针顺血管刺入 0.5～1 cm，出血	腰胯闪伤、疼痛
膝上	髌骨上缘外侧 0.5cm 处；左右肢各一穴	毫针直刺 0.5～1 cm	膝关节炎
膝下（掠草）	膝关节前外侧，膝中、外直韧带之间的凹陷中；左右肢各一穴	毫针直刺 1～2 cm，或艾灸	膝关节炎，扭伤神经痛
后三里	小腿外侧上 1/4 处的胫、腓骨间隙内；左右肢各一穴	毫针直刺 1～2 cm，或艾灸	消化不良，腹痛，泄泻，胃肠炎，后肢疼痛、麻痹

续表 7-4

穴名	定位	针法	主治
阳辅	小腿外侧下 1/4 处的胫骨前缘；左右肢各一穴	毫针直刺 1 cm，或艾灸	后肢疼痛、麻痹，发热，消化不良
解溪	跗关节前横纹中点，胫、跗骨之间；左右肢各一穴	毫针直刺 1 cm，或艾灸	扭伤，后肢麻痹
后跟	跟骨与腓骨远端之间的凹陷中；左右肢各一穴	毫针直刺 1 cm，或艾灸	扭伤，后肢麻痹

二、推拿疗法（manipuation therapy）

推拿是指运用多种不同的手法技术作用于身体特定的部位或经络穴位上，用于缓解组织疼痛、改善关节活动度、放松和促进血液循环，从而防治疾病的一种方法。主要通过机械力对穴位的刺激，由局部的经络反应，改变犬体内的能量聚集、物质分布，起到运行气血、协调脏腑，联系周身的作用，使机体内外上下保持协调统一。

推拿疗法是近年来日益被接受的临床理疗方法之一，其以中兽医理论为基础，还结合了现代医学的知识，不需要施用针、药或其他医疗器械，治疗成本低，治疗范围广泛，疗效确切，更符合当下康复治疗的需求。适用于犬消化不良、神经麻痹、肌肉劳损萎缩、泄泻、关节损伤等疾病。

推拿治疗效果很大一部分直接取决于手法的熟练度和规范程度，基本要求包括持久、有力、均匀、柔以及深透。结合犬体质情况，使用适当的强度、频率、手法作用于肌肉等软组织，可以舒缓犬的紧张情绪、减轻疼痛、调节肌肉、神经机能、促进新陈代谢，有助于增加操作者与犬间的联系，提高后续相关治疗的配合积极度。

【临床常用推拿手法】

根据犬的具体病情、年龄、体质不同，每次推拿的时间也不一样，局部按摩以每次 5～15 min 为宜，一般不超过 0.5 h，每天或隔天一次，10 次为 1 个疗程，体质虚弱的犬应适当缩短推拿时间，隔 3～5 天再进行第 2 个疗程。慢性病犬可以推拿 2～3 个疗程，急性病犬 1 个疗程即可。推拿根据部位的不同分为局部和通体两种推拿术，常用按、摩、推、拿、揉、打等多种手法。

（1）按法。用指腹或手掌在穴位或体表特定部位进行按压的方法，如图7-5所示。适用于全身各个部位，有减少肌肉紧张、通经活络的作用。

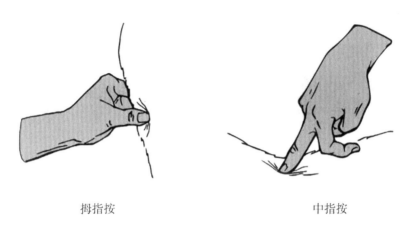

拇指按　　　　　　　　　　　　　　　中指按

图7-5　按法示意（图片来源于《犬猫中医入门——附针灸按摩图谱》）

（2）摩法。用手指或手掌在身体局部或全身用力揉搓或旋转的按摩方法，如图7-6所示。主要依靠腕力或借助草束、木杖等压在皮肤上，有节奏地朝同一个方向推拉或做圆周擦动，力度仅达皮肤或皮下。对剥离粘连的组织非常有效，有缓解肌肉僵硬、改善血流和淋巴循环、清除有害代谢物的作用。

指摩　　　　　　　　　　掌根摩　　　　　　　　　　掌摩

图7-6　摩法示意（图片来源于《犬猫中医入门——附针灸按摩图谱》）

（3）拿法。即揉捏法，用拇指和其他手指将皮肤卷曲捏起或抓住肌肉进行推拿的方法，如图7-7所示。有促进肌肉组织液流动、去除瘀滞和疏通经络的作用。

（4）打法。分拍打和棒打两种。用掌或圆木有节奏的击打所治部位，如图7-8所示，一般在深部组织按摩后使用，有使犬放松、改善血液循环的作用。击打时要注意轻重变换、快慢交替。

五指法　　　　　　　　　　　　　　　三指法

图 7 - 7　拿法示意（图片来源于《犬猫中医入门——附针灸按摩图谱》）

图 7 - 8　拍打法示意（图片来源于《犬猫中医入门——附针灸按摩图谱》）

　　（5）振动法。用拳头紧贴患部或手掌握住局部肌肉群进行来回有节奏地震荡，如图 7 - 9 所示，也可借助电按摩器产生振动，以放松肌肉，促进循环，减少粘连。

图 7 - 9　振动法示意（图片来源于《犬猫中医入门——附针灸按摩图谱》）

【禁忌证】

（1）诊断不明的外伤、脊椎损伤、骨膜炎、骨折等。

（2）各种急性传染病、严重的心、脑、肝、肺疾病等。

（3）恶性肿瘤的部位、皮肤破损、烫伤、溃疡病患处。

（4）犬剧烈运动后、饥饿、过饱、极度疲劳或虚弱等。

三、中药食疗

中药的发现与应用有着悠久的历史，中兽药的起源可以追溯到原始社会，人们把野生动物驯化成家畜的时代。中草药中含有甙类、多糖、生物碱、挥发油、有机酸等大量生物活性物质，将中草药运用到宠物饲养管理中，有营养和药用的双重作用，对调节肠胃功能、提高免疫力、提高犬生长性能、防治疾病均具有积极作用。中药疗法已经被证实可以用于治疗犬猫皮肤寄生虫病、皮肤真菌病、胃肠道疾病、传染病、肝胆疾病、心肺疾病、腰病以及虚弱性疾病等多种疾病，对于病因复杂、慢性消耗、老年体弱性的疾病，中药的治疗优势明显。

常用方剂见表7-5。

表7-5　常用方剂

方剂	名称	组成	功效	主治
（一）解表方	银翘散	银花、连翘、淡豆豉、桔梗、荆芥、淡竹叶、薄荷、牛蒡子、芦根、甘草	辛凉解表，清热解毒	外感风热或温病初起。证见发热无汗或微汗，微恶风寒，口渴咽痛，咳嗽，舌苔薄白或薄黄，浮脉数
	麻黄汤	麻黄（去节）、桂枝、杏仁、炙甘草	发汗解表，宣肺平喘	外感风寒表实证。证见恶寒发热，无汗咳喘，苔薄白，脉浮紧
（二）清热方	白虎汤	石膏（打碎先煎）、知母、甘草、粳米	清热生津	阳明经证或气分热盛。症见高热大汗，口干舌燥，大渴痰饮，脉洪大有力

续表 7 – 5

方剂	名称	组成	功效	主治
（二）清热方	黄连解毒汤	黄连、黄芩、黄柏、栀子	泻火解毒	三焦热盛或疮疡肿毒。证见大热大躁，甚则发狂，或见发斑，以及外科疮疡肿毒等
	龙胆泻肝汤	龙胆草、黄芩、栀子、泽泻、木通、车前子、当归、生地黄、柴胡、甘草	泻肝胆实火，清三焦湿热	肝火上炎或湿热下注。证见目赤肿痛，尿淋浊、涩痛、阴肿等
	郁金散	郁金30 g、莲实（去皮）、黄芪	清热解毒，涩肠止泻	肠黄。证见泄泻腹痛，荡泻如水，泻粪腥臭，舌红苔黄，渴欲饮水，脉数
	白头翁汤	白头翁、黄柏、黄连、秦皮	清热解毒，凉血止痢	热毒血痢。证见里急后重，泻痢频繁，或大便脓血，发热，渴欲饮水，舌红苔黄，脉弦数
	茵陈蒿汤	茵陈蒿、栀子、大黄45 g	清热，利湿，退黄	湿热黄疸。证见结膜、口色皆黄，鲜明如橘色，尿短赤，苔黄腻，脉滑数等
（三）泻下方	大承气汤	大黄60 g、芒硝、厚朴、枳实	攻下热结，破结通肠	结症，便秘。证见粪便秘结，腹部胀满，二便不通，口干、舌燥，苔厚，脉沉实
	当归苁蓉汤	当归、肉苁蓉、泻叶、木香、通草、炒枳壳、厚朴	润燥滑肠，理气通便	老弱、久病、体虚患畜之便秘

续表 7 - 5

方剂	名称	组成	功效	主治
（四）祛湿方	平胃散	苍术、厚朴、陈皮、甘草、生姜、大枣	健脾燥湿，行气和胃，消胀除满	胃寒食少，寒湿困脾。证见食欲减退、肚腹胀满、大便溏泻、嗳气呕吐、舌苔白腻而厚、脉缓
	独活寄生汤	独活 9 g，桑寄生、杜仲、牛膝、细辛、秦艽、茯苓、肉桂心各 6 g	益肝肾，补气血，祛风湿，止痹痛	风寒湿痹，肝肾两亏，气血不足诸证。证见腰膝疼痛，四肢关节屈伸不利、疼痛，筋脉拘挛，脉沉细弱等
	八正散	木通、瞿麦、车前子、萹蓄、滑石、甘草梢、栀子、大黄	清热泻火，利水通淋	湿热下注引起的热淋、石淋。证见尿频、尿痛或闭而不通，或小便浑赤，淋漓不畅，口干舌红，苔黄腻，脉象滑数
（五）补虚方	四君子汤	党参、炒白术、茯苓、炙甘草	益气健脾	脾胃气虚。证见体瘦毛焦，精神倦怠，四肢无力，食少便溏，舌淡苔白，脉细弱等
	补中益气汤	炙黄芪、党参、白术、当归、陈皮、炙甘草、升麻、柴胡	补中益气，升阳举陷	脾胃气虚及气虚下陷诸证。证见精神倦怠，草料减少，发热，汗自出，口渴喜饮，粪便稀溏，舌质淡，苔薄白或久泻脱肛、子宫脱垂等
	四物汤	熟地黄、白芍、当归、川芎	补血调血	血虚、血瘀诸证。证见舌淡，脉细，或血虚兼有瘀滞

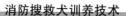

续表 7 - 5

方剂	名称	组成	功效	主治
（五）补虚方	六味地黄汤	熟地黄、山茱萸、山药、泽泻、茯苓、牡丹皮	滋阴补肾	肝肾阴虚，虚火上炎所致的潮热盗汗，腰膝痿软无力，耳鼻四肢温热，舌燥喉痛，滑精早泄，粪干尿少，舌红苔少，脉细数
	生脉散	党参、麦冬、五味子	补气生津，敛阴止汗	暑热伤气，气津两伤之证。证见精神倦怠，汗多气短，口渴舌干，或久咳肺虚，干咳少痰，气短自汗，舌红无津，脉象虚浮
（六）收涩方	玉屏风散	黄芪、白术、防风	益气固表止汗	表虚自汗及体虚易感风邪者。证见自汗，恶风，苔白，舌淡，脉浮缓
	乌梅散	乌梅、干柿、诃子、黄连、郁金	涩肠止泻，清热燥湿	幼驹奶泻及其他幼畜的湿热下痢
（七）理血方	桃红四物汤	桃仁、当归、赤芍、红花、川芎、生地黄	活血祛瘀，补血止痛	血瘀所致的四肢疼痛、血虚有瘀、产后血瘀腹痛及瘀血所致的不孕症等
（八）消导方	保和丸	山楂、六曲、半夏、茯苓、陈皮、连翘、莱菔子	消食和胃，清热利湿	食积停滞。证见肚腹胀满，食欲不振，嗳气酸臭，或大便失常，舌苔厚腻，脉滑等

续表 7-5

方剂	名称	组成	功效	主治
（九） 和解方	小柴胡汤	柴胡、黄芩、党参、制半夏、炙甘草、生姜、大枣	和解少阳，扶正祛邪，解热	少阳病。证见寒热往来，饥不欲饮，口津少，反胃呕吐，脉弦
（十） 化痰止咳 平喘方	止嗽散	荆芥、桔梗、紫苑、百部、白前、陈皮、甘草	止咳化痰，疏风解表	外感咳嗽。证见咳嗽痰多，日久不愈，舌苔白，脉浮缓
	麻杏石甘汤	麻黄、杏仁、炙甘草、石膏（打碎先煎）	辛凉泄热，宣肺平喘	肺热气喘。证见咳嗽喘急，发热有汗或无汗、口干渴、舌红，苔薄白或黄，脉浮滑而数
（十一） 温里方	理中汤	党参、干姜、炙甘草、白术	补气健脾，温中散寒	脾胃虚寒证。证见慢草不食，腹痛泄泻，完谷不化，口不渴，口色淡白，脉象沉细或沉迟

【药膳】

药膳是指在中医药学理论指导下，将不同药物（中药）与食物按照一定原则进行组方，采用传统饮食烹饪技术和现代加工方法制作形成具有特色以及防病功效的特殊膳食。医食本是同源，药膳将药物与食物融为一体，取药物之性、用食物之味，食借药力、药助食功，相得益彰，不仅可以通过对饮食的调整来补养脏腑功能，促进身体健康和疾病的康复，同时，合理的食补还能起到药物无法起到的作用。可以分为群体性药膳和定制性药膳两种方式。

（1）群体性药膳。是结合气候特性，天气变化，机体普遍问题而拟定的适合绝大多数犬的预防保健性药膳，如犬所食用的处方粮属于群体性食疗的一种。

（2）定制性药膳。具有较强的针对性，是以通过药膳改善体质，缓解病情，帮助机体恢复或维持现状的具有药效的食物或食物组合。

药膳的目的是预防和调理，具有扶正祛邪的作用。可广泛应用于犬猫的慢性疾病中，如传染病、皮肤病、泌尿道疾病、肿瘤类疾病等。中兽医治疗慢性病常使用调的方式，控制或缓解疾病。想要治疗疾病，就要掌握脉象、舌象的相关知识且对疾病的发展规律有所了解，有针对性地改善体质和现有病态。如血虚病例，可采取牛骨芪枣粥或枸杞汤作为药膳食疗，用于填精养血，每天餐后食用或代一餐。下焦湿热所致膀胱炎，可采取鸡片冬瓜汤或薏苡赤豆火腿汤作为食疗，用于清利湿热，吃法也是每天一餐。

食材与食材，食材与药材之间的搭配也需要根据中药中的"十八反"和"十九畏"原则进行选用，一般搭配原则是选择同功效的药食材搭配，相反的往往起不到作用，甚至出现不良反应。比如，羊肉与南瓜就不适合搭配，食用就容易胃肠道胀气；牛肉与栗子也不宜搭配，胃气弱的易引起呕吐和稀便；山楂和鱼虾不宜搭配，从临床看主要也体现在胃肠道上的反应。不分体质地选择药膳则不宜长期食用，如寒多不食藕、雪莲果，虚多不食香菜与白萝卜，实多不食牛羊肉、胡萝卜，热多不食羊肉、鹿肉、鱼肉等等。

第二节　现代康复训练

动物现代康复训练主要包括运动疗法和物理疗法。随着现代康复的不断发展，人们的康复意识也在不断提升，出现了许多新的康复技术、设备及康复的训练治疗方法。对犬进行完整的临床评估是康复治疗的第一步，也是制订康复计划的前提与标准，康复评定除对犬临床表现、病史、发病特征等临床基础检查进行了解外，还要做详细的体格检查、骨科检查、影像学检查；再对犬的姿势、肌肉量、关节活动和功能、站立及步行能力、神经学严重程度等进行康复学评估。了解功能障碍的性质、范围、严重程度和预后情况以后，根据评估的结果确立合适的治疗目标并制订康复计划。

一、运动疗法（exercise therapy）

运动疗法是以预防和治疗为目的，借助各种器械工具、人工操作及犬自身的参与，采取各种主动或被动的锻炼和训练形式改善和恢复犬机体功能，减轻疼痛、缩短康复时间、提高生活质量的一类治疗方法（图 7 – 10）。运动疗法不仅能作用于犬的局部组织，锻炼关节活动及肌肉力量，还能影响全身各脏器，增强犬机体的抗病能力，从而起到一定的疾病预防作用。因此，治疗性运动对于犬的健康调理至关重要，是大多数犬康复治疗的主要支柱。

图 7 – 10　运动疗法

采用运动疗法必须按照正确的运动处方进行锻炼，通常以局部运动和全身运动相结合，需要犬的积极配合；同时运动属于一种非特异性的生理刺激，若不制定合适的方式和运动量，则很可能会产生一些并发症或不良后果，从而加重病情。运动疗法包括被动关节运动疗法和辅助运动疗法，主要针对运动障碍、骨科术后、瘫痪康复后期等肌肉及力量不均衡的犬。需要的工具和设备有瑜伽球、平衡板、花生球、障碍栏杆、水下或陆地跑步机和游泳池等。

【被动运动】

被动运动是术者用手使犬身体的局部组织活动，促进其功能恢复的一种方法，主要用于患神经疾病的病例，对麻痹引起的关节弯曲、废用性肢体的治疗效果明显。具有改善关节活动、肌肉和肌腱的收缩、提高神经和肌肉感觉的功能。主要包括以下 5 种：

（1）松动。在不给犬带来疼痛和不快感觉的前提下，温柔地使关节在可活动范围内活动。

（2）拉伸。是对发生病理性缩短的肌肉和肌腱的犬进行拉伸，使关节活动范围扩大的治疗方法，犬每次拉伸的时间在 15 ～ 30 s 最为恰当，能够维持或改善关节活动范围、拉伸肌腱和韧带、缩小肉芽组织、改善血流等。

（3）屈伸运动。维持或扩大关节活动范围，有效地屈伸运动可以用于神经疾病发生或术后早期的治疗。需要在犬无疼痛（在使用激光或冲击波后）等不舒适的状态下，令关节缓慢地弯曲和伸展。

（4）蹬车运动。指握住犬的肢端，使肢体进行画圆运动，能够维持与扩大关节的活动范围，并使有神经障碍的犬重新适应步行的有效方法。

（5）伸肌反射的诱发。指利用神经学检查伸肌反射的康复治疗，适用于瘫痪或轻度瘫痪的犬，能够预防肌肉萎缩，促进肌肉自然收缩。

【站立训练和步行训练】

对神经功能障碍引起瘫痪、轻瘫的病例，根据功能障碍的程度制订系统的站立和步行训练康复方案。

（1）站立训练和辅助站。对于瘫痪的病例应该尽早进行站立训练，或用手辅助犬站立。术者的双手托住骨盆或者腹部使犬站立。尽量让犬正常站立，如果患肢能够用力，可以逐渐加大负重，使犬沿着体轴方向左右晃动，目的是强化躯体的感觉。根据犬的站立情况，逐渐松手，每天训练 2 ～ 3 次为宜。

（2）步行训练。犬自主站立 1 ～ 5 min 后，就可以进行步行训练。在能独立行走至正常行走期间积极采取毛巾辅助行走，使用兽医用悬挂型站立步行训练设备训练，以及轮椅训练和水疗等。

【运动疗法】

（1）牵引步行（限制步行）。用短绳子牵着犬进行缓慢步行的训练，适用于手术期或慢性病的恢复期，是最重要的运动疗法之一。其目的是强化四肢着地，增强肌肉的力量，促进独立步行，训练时间为 2 ～ 60 min。

（2）起立运动。这是反复训练犬坐下和起立的运动方法，目的是强化臀部肌肉、后肢伸肌肉群运动。

（3）曲线运动和圆周步行。这需要在能独立行走以后进行，强度比直线行走要高，可促进神经被重新激活、脊柱向侧面弯曲，强化躯体感觉。

（4）慢跑和上下楼梯。犬能正常行走后从慢速开始进行训练，此疗法的目的是提高肌肉力量和改善血液循环。如果地上行走和跑步机训练基本没有问题，接着可以尝试上、下楼梯和斜坡运动。上楼梯或斜坡时后肢负重增加，目的是锻炼后肢的肌肉；下楼梯或下坡时前肢的负重增加，目的是促进前肢的肩关节、肘关节和腕关节的伸展。

【改善姿势反应】

1. 提高力量

（1）坐下站立。让犬站立好后，以食物等奖励诱导，使它从站立的姿态慢慢恢复到坐姿。在其没有表现出疼痛的情况下，可以进行此练习。

（2）背部伸展。让犬站立，将前脚放在瑜伽斜坡球上，或其他高度相同的凸起表面、台阶或平台上，保持犬的头部、颈部、背部呈一条直线，让其保持该姿势 5 ～ 10 s，然后帮助它们安全地退下。

2．提高灵活性

（1）跳舞。康复师或主人用肘部托起犬的前爪或前腿，缓慢引导狗站立起来，带动它的身体左右摇摆，一步一步向前、向后和向侧面扭动。

（2）旋转拉伸。为了让狗站着不动并伸展身体，首先让狗舒适地站立，引导狗的鼻子嗅闻它的肩膀，然后嗅闻它的臀部，注意左边做完后，右边重复左边的训练。

【水疗】

水疗又叫水疗机复健，兽医康复治疗中的水疗是借鉴了人用水疗的原理，应用上做了改进，主要是利用水的温度、浮力和阻力，促进犬独立运动、改善关节活动、维持或加强肌肉力量，减少手术后的恢复时间，通过低强度运动改善关节炎疼痛并增强心血管健康（图 7 - 11），包括水下跑步机和游泳池疗法，现已普遍应用于国内外规模以上宠物医院。

图 7 - 11　水疗

1．水物理特性作用

（1）水温。水中运动疗法以温热水为主，能够改善血液循环，一般认为能够对康复治疗起促进效果的水温在 25 ～ 30 ℃，水温在 25 ℃以下时会使肌肉僵硬，而在 34 ℃以上则容易导致出现中暑症状。

（2）浮力。与运动的辅助和疼痛的减轻有关系。

（3）水压。一定的水压能够减轻疼痛和水肿，增强肌肉力量和促进关节稳定。

（4）水流。对肌肉有按摩作用和改善循环功能的效果。

水的黏性能够影响姿态的维持、增强肌肉力量、改善关节活动性，使用水中跑步机时，需要使用救生夹克防止犬溺水，而对于瘫痪、肢无力的犬，还可以使用吊具等。

2. 适应证

（1）各种神经系统伤口已愈合的手术恢复期，骨折、韧带、关节外科手术恢复期的康复治疗。

（2）各种关节病、肌肉萎缩、骨骼粘连，以及跌倒、滑倒或撞击而造成肌肉或关节损伤。

（3）体重过重，不愿意活动的肥胖犬，无法正常行走、活力下降或患有退化性关节炎的老年犬。

二、物理疗法

物理疗法是指应用声、光、热、力、电等各种物理因子作用于机体，具有消炎、镇痛、解痉等功能，可促进犬体功能恢复、重建与代偿，提高犬生活质量，是康复治疗的重要手段之一。

【冷热疗法】

1. 冷疗

冷疗是以低于犬体温的介质作用于患病部位以治疗疾病的方法。具有收缩血管、减少血流量，从而减少局部充血或出血、缓解水肿，限制炎症的扩散作用，还能缓解痉挛状态，减轻疼痛。适用于高热、中暑、急性骨关节和软组织损伤、急性烧伤、烫伤等。

冷疗一般在损伤或术后 72 h 内进行，每次 15 ～ 20 min，隔 2 ～ 4 h 重复 1 次，不可长时间直接接触皮肤，防止冻伤。常用冰袋或冰水打湿的毛巾进行贴敷，冷水浸泡以及乙醇擦拭等方法。

禁止用在耳郭、腹部、足底、心前区等部位，急性皮肤病、老年犬、心脑血管疾病犬也应慎用。

2. 热疗

热疗指利用特定的温度高于犬体温的物质产生温热效应治疗疾病的方法。具有扩张血管、加快血流速度，促进血液循环、加快炎症后期的消散，减轻深部组织充血，缓解疼痛的作用。

热疗多在损伤 72 h 后进行，每次 15 ～ 30 min，时间过长容易引起烫伤。禁止用于软组织损伤早期，以及患有急性炎症、肿瘤、心功能不全等疾病的犬。

【红外线疗法】

可使用红外理疗灯利用红外线光能照射疾病部位，使肌肉、皮下组织等产生温热效应从而治疗疾病的方法（图 7 – 12）。对关节炎、高血压、各种神经痛和神经炎、肌肉痛、伤口愈合、软组织损伤和瘢痕粘连等疾病有显著疗效，能够加速血液物质循环，减少创面渗出，减轻术后粘连，增加组织修复和再生能力，具有良好的活血止痛、消炎解痉作用。可在创伤 48 h 后照射，每次 20 ～ 30 min，但不可用于有恶性肿瘤、出血倾向、高热、心血管代偿功能不全的犬，且在使用过程中注意理疗灯与犬照射部位的距离，避免温度不够或温度过高导致烫伤。

图 7 –12　照红外线灯（图片来源于派美特宠物医院）

【激光疗法】

犬激光疗法是近年新兴的一种非侵入性现代理疗方法，属于四级激光范畴，在临床使用中治疗恢复效果比二、三级激光更好一些。通过使用波长在 600 ～ 1200 nm 的光源靠近或接近皮肤，光穿透皮肤到达患病部位的线粒体，增加呼吸链的活性以及调节离子通道的活性，实现光生物调节，从而促进组织生长、修复和伤口愈合，有效发挥改善微循环、消炎、消肿、镇痛的作用。

不同的病情在实际治疗过程中所使用的照射方法也有所不同，如压痛点照射方式适用于患有肌肉、关节疼痛等疾病的犬；而神经类疾病可沿神经走向进行照射，或用"Z"字形移动、绕圈等方式在患部周围照射；如果皮肤直接接触探头会产生疼痛，则采用非接触式照射。长时间照射刺激神经末梢，容易导致神经疲劳，而过高的温度则容易造成体内细胞的死亡，烫伤犬表面，从而降低治疗效果，因此调节适当的照射时间、激光功率、光斑大小，把握精准的温度，在激光治疗中至关重要。

激光穿透组织的深度以及选择目标色基因子，有效吸收光谱，激发光化学反应的作用取决于激光的波长。在目前国内市场使用较广泛的是 Summus 的激光治疗仪，内含 4 个激光器，能够同时或单独输出波长为 650 nm、810 nm、915 nm、980 nm 的激光。650 nm 波长可以被皮肤中的黑色素大量吸收，促进细胞生长，加速皮肤表面组织愈合；810 nm 波长能把氧化酶将氧气转化为 ATP 的效率最大化，加速细胞内 ATP 的产生；915 nm 波长的激光能在被水分子吸收后转化为热能，从而提高细胞温度分布，改善血液微循环。

犬激光治疗仪还可以根据犬的品种、疾病种类、治疗面积、治疗部位选择治疗剂量。浅表组织剂量为 $1 \sim 4$ J/cm^2，深层组织治疗剂量为 $8 \sim 10$ J/cm^2；最大穿透深度可达到 15 cm。用于术后伤口、软组织损伤、肌肉骨骼类疾病以及神经系统疾病都有很好的治疗效果。

治疗时手柄垂直于犬皮肤，遵循 3 cm/s 速度移动的操作手法，每次20 ~ 30 min。还可利用聚焦或扩散激光照射犬穴位，进行刺激达到类似疏通经络、行气活血的效果。激光治疗操作时医师和犬都需要佩戴激光防护眼镜，避免伤害眼睛（图 7 – 13）。

图 7 – 13　激光理疗（图片来源于派美特宠物医院）

【电刺激疗法】

通常分为神经肌肉电刺激疗法及经皮电神经刺激疗法。可用于促进血液循环，消除水肿、缓解疼痛，改善肌肉张力，增强功能，同步肌肉收缩和功能活动，达到肌肉重塑的目的，使犬恢复自主运动。

1. **经皮神经电刺激疗法**（transcutaneous electrical nerve stimulation，TENS）

TENS 是将电极放在皮肤表面疼痛区域、针灸穴位或肌肉运动点上，通过特定的低频脉冲电流刺激感觉纤维的电疗方法（图 7 – 14）。除用于缓解各种急慢性疼痛外，还能促进局部血液循环，兴奋神经肌肉组织，减少肌肉痉挛。

电极不可放在颈部或颈动脉窦处，刺激应从低强度开始逐渐增加到犬能耐受的程度，时间一般为 20 min。急性疼痛使用该疗法时频率一般为 60 ~ 200 Hz，持续时间短，镇痛作用快，多用于术后；慢性疼痛使用频率为 2 ~ 10 Hz，镇痛作用较慢，但持续时间长。

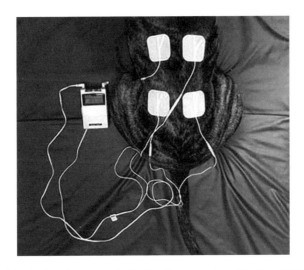

图 7 –14　经皮电刺激（图片来源于 Summus 小动物高功率理疗激光）

2. **神经肌肉电刺激疗法**（neuromuscular electrical stimulation，NMES）

NMES 是一种应用低频脉冲电流刺激运动神经或肌肉，引起肌肉收缩，从而提高肌肉功能的一种治疗方法。可用于治疗脑瘫、脊髓损伤、脑瘫等各种感觉运动功能障碍疾病，改善或促进瘫痪肌肉功能恢复，增加血液循环，预防肌肉萎缩。

根据使用目的不同，神经肌肉电刺激又可分为功能性电刺激和治疗性电刺激。功能性电刺激可作为工具用于瘫痪犬的功能训练，治疗性电刺激则以改善或恢复肌肉运动功能为目的。脉冲强度、频率和波形等参数都会影响NMES 的治疗效果，临床实践中常用频率一般为 20 ～ 50 Hz，太高的刺激频率容易引发肌肉疲劳。

3. 电针疗法

电针疗法是在针刺"得气"后，在针体外通以脉冲电流，刺激穴位的方法，属于现代中兽医技术，适用于临床上所有可使用针刺进行治疗的疾病，起镇痛、促进神经功能恢复等作用（图 7 - 15）。不同的波形、电流强度和频率等参数决定了电针的治疗作用，目前最常采用的是低频连续波脉冲调制电流。

操作方法：定穴，针刺得气后，在针柄上分别连接电针机正负极，从小到大调节输出频率与电流，此时观察犬针灸穴位针感变化，当发现肌肉出现节律性抖动后调整通电时间，每次持续 15 ～ 30 min，其间为防止产生耐受性应每隔 5 min 调整 1 次电流强度和频率。通电会刺激机体释放内啡肽，起到镇痛作用，犬在治疗后疼痛减轻，因此愿意配合治疗。

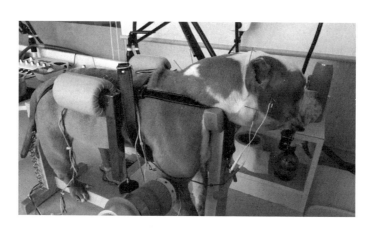

图 7 - 15 电针疗法（图片来源于派美特宠物医院）

【高压氧疗法】

高压氧治疗是指在高气压（大于 1 个标准大气压）环境下，如高压氧舱（图 7 - 16），吸入纯氧或高浓度氧，从而迅速纠正机体缺氧状态，消除炎症、升高血压，促进细胞生长、组织修复和机体功能恢复，起到康复治疗作用，是兽医领域的一种新型治疗方法，目前越来越多用于临床各科疾病的治疗。

在 2 ～ 3 个大气压下，增加气压和高浓度氧气相结合，犬体通过呼吸将氧气摄入肺内，能够经过毛细血管和肺泡进入血液中的氧气量是正常气压环境中的 14 ～ 21 倍，氧气再随着血液循环输送至体内各部位，提高病变部位含氧量，促进侧支循环的生成，改善微循环，达到治疗和预防疾病的目的。目前临床兽医多用 2.0 ～ 3.0 ATA 的高压氧设备，低压治疗设置压力范围为 1.5 ～ 2.0 ATA，平均治疗时间是 45 ～ 60 min，犬类一般 8 ～ 12 h 就需重复 1 次，10 次为 1 个疗程。具体还需根据病情的严重程度、犬的体质差异与所患疾病来制订合理的治疗方案。

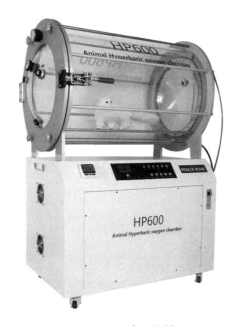

图 7 - 16　高压氧舱

1. 适应证

（1）作为首选疗法。适用于各种药物、有害气体、化学物品中毒，急性一氧化碳中毒及其中毒性脑病，减压病，急性气体栓塞，气性坏疽及其他厌氧菌感染疾病，窒息、休克、心肺复苏后脑功能障碍，脑水肿、肺水肿（除心源性肺水肿），急性缺血缺氧性脑病，断肢再植术后等。

（2）作为综合措施之一。快速性心律失常（房颤、心动过速），冠心病、心肌炎，周围血管疾病（脉管炎、动静脉炎），骨髓炎、骨折愈合不良，缺血性眼底疾病，麻痹性肠梗阻，恶性肿瘤，顽固性慢性皮肤溃疡等。

（3）治疗急症。如急性一氧化碳及其他有害气体中毒，急性气栓病，

窒息、急性脑缺氧，出血性休克，急性末梢循环障碍（断肢再植术后、严重挤压伤、撕裂伤并血供障碍等）。

2. 禁忌证

（1）未经处理的气胸和纵隔气肿，空洞型肺结核并咯血，肺大泡。

（2）血压过高和未经处理的活动性内出血及出血性疾病。

（3）未经处理的恶性肿瘤等。

高压氧疗法是一项安全、效果良好的治疗方式，但在应用过程中如果操作不当，则可能会产生气压伤、减压伤和氧中毒等副作用，损伤犬机体。

附 表

附表 1　搜救犬基本档案记录

犬　　名：_____

芯 片 号：_____

性　　别：_____

生　　日：_____

品　　种：_____

训 导 员：_____

繁殖单位：_____

照　片

毛　　色：_____　　毛　　型：_____

外貌特征：_____　　类　　别：_____

训练成绩：_____

种犬等级：_____　　近交系数：_____

工作单位：_____

省 区 市：_____　　片　　区：_____

父　母

父　　名：_____　　母　　名：_____

芯 片 号：_____　　芯 片 号：_____

品　　种：_____　　品　　种：_____

种犬等级：_____　　种犬等级：_____

建档日期：　　年　　月　　日

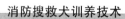

附表2 _____单位搜救犬变动统计

序号	犬名（芯片）	出生日期	出生地	原训导员	原工作单位	变动日期	变动原因	现工作单位	现训导员	备注

附表 3　搜救犬使用记录

犬　名：_____　　芯片号：_____

使用日期	地点	训导员	任务类别	工作时间	使用结果简述

备注:任务类别为"比武""表演""执勤"等。

附表 4　搜救犬淘汰及归宿记录

犬　　名：_____　　　　芯片号：_____

淘汰日期	年　月　日
淘汰原因	
归宿情况	
批准部门	批准人（签章）： 日期：　　年　　月　　日
备注	

附表 5　搜救犬死亡报告

犬　名：_____　　　芯片号：_____

发病日期	年　月　日
救治过程	
死亡时间	年　月　日　时　分
剖检结果	
死亡原因	
结　论	兽医（签章）： 年　　月　　日
领导意见	单位领导（签章）： 年　　月　　日

参 考 文 献

［1］包喜军，张汇东. 某次大型安保活动中工作犬消化系统疾病统计及分析［J］. 中国工作犬业，2016（12）：17 - 18.

［2］陈雄，王忠和，徐翔. 浅析工作犬执行反恐防暴任务［J］. 中国工作犬业，2012（8）：31 - 32.

［3］方绍勤. 当前幼犬社会化训养工作的困境与思考［J］. 中国工作犬业，2020（1）：51 - 53.

［4］高一龙，温海，朱骞，等. 运动应激理论的研究进展及其在工作犬训练中的应用［J］. 中国工作犬业，2014（9）：24 - 25.

［5］郭宝发. 犬抑郁症的防治［J］. 中国工作犬业，2014（9）：18 - 19.

［6］韩晓萍，徐玉生，张云峰，等. 工作犬亚健康状态的调查与分析［J］. 黑龙江畜牧兽医，2012（19）：146 - 148.

［7］黎立光，徐虎，程鲁光，等. 工作犬社会化训养模式与效益分析［J］. 农学学报，2012，2（5）：57 - 61.

［8］林军香，刁鹏，谭文洪. 谈工作犬训练中的应激因素［J］. 中国工作犬业，2016（6）：20 - 22.

［9］刘福元. 犬应激综合征的临床诊治［J］. 当代畜牧，2014（14）：54 - 55.

［10］中华人民共和国应急管理部. 搜救犬训导员职业技能要求［S］. 北京：应急管理出版社，2020.

［11］刘少辉. 工作犬警用特性的选育与培养［A］//中国畜牧兽医学会养犬学分会、公安部南昌警犬基地. 第16次全国犬业科技学术研讨会论文集. 中国畜牧兽医学会养犬学分会、公安部南昌警犬基地：中国畜牧兽医学会，2015：485 - 487.

［12］桑浦，李达斌. 工作犬亚健康的危害与预防［J］. 科技视界，2013（26）：493，450.

［13］孙明亮，李雪冰，王威. 心理应激对工作犬行为的影响［A］//中国畜牧兽医学会养犬学分会、公安部南昌警犬基地. 第16次全国犬业科技学术研讨会论文集. 中国畜牧兽医学会养犬学分会、公安部南昌警犬基地：中国畜牧兽医学会，2015：502 - 504.

［14］孙明亮，王威. 小议工作犬的应激反应［J］. 中国动物保健，2014，16（5）：70－71.

［15］王建，任景，李响. 工作犬的日常管理与养护［A］//中国畜牧兽医学会小动物医学分会、中国畜牧兽医学会养犬学分会. 第十五次全国养犬学术研讨会暨第七次全国小动物医学学术研讨会论文集. 中国畜牧兽医学会小动物医学分会、中国畜牧兽医学会养犬学分会：中国畜牧兽医学会，2013：452－454.

［16］星云，万九生，韦云芳，等. 工作犬高原环境中犬窝咳病的防治［J］. 黑龙江畜牧兽医，2018（14）：209－210.

［17］修福晓，张汇东. 降低工作犬异地使用发生应激的方法［J］. 中国工作犬业，2014（11）：17－18.

［18］徐虎. 警犬营养需求及饲养管理特点［J］. 中国工作犬业，2006（9）：19.

［19］杨鹏. 运输应激对工作犬的影响［J］. 中国工作犬业，2022（9）：42－45.

［20］张卫华，车文芳. 世界海关工作犬技术简析［J］. 中国工作犬业，2011（9）：49－52.

［21］李向党. 养犬学［M］. 沈阳：辽宁科学技术出版社，2015.

［22］朱海娟. 浅谈犬的焦虑情绪［J］. 中国工作犬业，2019（9）：34－35.

［23］马大君. 训好爱犬［M］. 郑州：河南科学技术出版社，2007.

［24］〔美〕Anne M Zajac，〔美〕Gary A Conboy. 兽医临床寄生虫学［M］. 殷宏，罗建勋，朱兴全，译. 北京：中国农业出版社，2015.

［25］〔意〕Fabio Viganó，〔西〕Cristina Fragío. 犬猫急救学［M］. 马生友，杨艳涛，王然，等，译. 皇家宠物中心，2010.

［26］何昭坚. 小动物内科学［M］. 台北：艺轩图书出版社，2000.

［27］侯加法. 小动物疾病学［M］. 北京：中国农业出版社，2002.

［28］李国清. 兽医寄生虫学 中英双语［M］. 北京：中国农业大学出版社，2015.

［29］林德贵. 外科手术学［M］. 北京：中国农业出版社，2011.

［30］罗满林. 动物传染病学［M］. 北京：中国林业出版社，2019.

［31］〔美〕Michael E Peterson，〔美〕Patricia A Talcott. 小动物毒理学［M］. 3版. 郝智慧，汤树生，靳洪涛，译. 北京：中国农业大学出版社，2014.

［32］〔美〕迈克尔·沙尔. 新编犬猫疾病诊疗图谱. 林德贵［M］. 沈

阳：辽宁科学技术出版社，2011.

[33] 公安部消防局. 公安消防部队搜救犬训练与管理教程 [M]. 北京：长城出版社，2012.

[34] 〔美〕Richard W Nelson，〔美〕Guillermo C Couto. 小动物内科学 [M]. 夏兆飞，陈艳云，王姜维，译. 北京：中国农业大学出版社，2019.

[35] 王洪斌. 兽医外科学 [M]. 北京：中国农业出版社，2011.

[36] 陈方良，星云，毛爱国，等. 水中运动疗法在犬病康复护理中的应用 [J]. 中国兽医杂志，2010，46（7）：56 - 57.

[37] 代培良，崔凤云. 浅谈十八反 [J]. 时珍国医国药，2004，15（2）：113.

[38] 何静荣. 犬猫中医入门（附针灸按摩图谱）[M]. 北京：中国农业大学出版社，2014.

[39] 李长卿. 中国兽医针灸图谱 [M]. 兰州：甘肃科学技术出版社，1989.

[40] 刘钟杰，许剑琴. 中医学 [M]. 3 版. 北京：中国农业出版社，2002.

[41] 娜仁图雅，白乙尔图，跃斯图，等. 犬、猫康复疗法概述 [J]. 黑龙江畜牧兽医，2019（6）：4.

[42] 谢鸣. 方剂学 [M]. 北京：人民卫生出版社，2004.

[43] 徐国兴. 犬脊柱神经性疾病的康复治疗 [A] //2019 中国畜牧兽医学会兽医外科学分会第十届会员代表大会暨第 24 次学术研讨会论文集. 2019 年中国博士学位论文全文数据库.

[44] 李雨，纵丰雷，张俊芳. 消防搜救犬夏季管理 [R]. 第 17 次全国犬业科技学术研讨会. 太原，2017.

[45] 张克家. 中兽医方剂大全 [M]. 北京：中国农业出版社，1994.

[46] 赵阳生. 鲁医针灸学 [M]. 北京：中国农业出版社，1993.

[47] 中国农业百科全书总编辑委员会中兽医卷编辑委员会，中国农业百科全书编辑部. 中国农业百科全书. 中兽医卷 [M]. 北京：中国农业出版社，1991.

[48] XF/T 3002—2020，搜救犬训导员职业技能要求 [S]. 北京：应急管理出版社，2021.

[49] 孙勇，宋珍华，方建强，等. 搜救犬训犬员综合素质的培训与评估 [J]. 中国工作犬业，2010：38 - 40.

[50] D'ANIELLO B, SCANDURRA A, PRATO-PREVIDE E, et al. Gazing

toward humans：a study on water rescue dogs using the impossible task paradigm [J]. Behav processes, 2015, 110：68 – 73.

[51] DIVERIO S, BARBATO O, CAVALLINA R, et al. A simulated avalanche search and rescue mission induces temporary physiological and behavioural changes in military dogs [J]. Physiol Behav, 2016, 163：193 – 202.

[52] EARNSHAW N, ANDERSON N, MACKAY J, et al. The health of working dogs in conservation in Africa [J]. Frontiers in veterinary science, 2023 (10)：1179278.

[53] GORDON L E. The contribution of rescue dogs during natural disasters [J]. Rev Sci Tech, 2018, 37 (1)：213 – 221.

[54] GWALTNEY-BRANT S M, MURPHY L A, WISMER T A, et al. General toxicologic hazards and risks for search-and-rescue dogs responding to urban disasters [J]. J Am Vet Med Assoc, 2003, 222 (3)：292 – 295.

[55] HARE E, KELSY K M, SERPELL J A, et al. Behavior differences between search-and-rescue and pet dogs [J]. Frontiers in veterinary science, 2018 (5)：118.

[56] JINN J, CONNOR E G, JACOBS L F. How ambient environment influences olfactory orientation in search and rescue dogs [J]. Chem Senses, 2020, 45 (8)：625 – 634.

[57] JONES K E, DASHFIELD K, DOWNEND A B, et al. Searchandrescue dogs：an overview for veterinarians [J]. J Am Vet Med Assoc, 2004, 225 (6)：854 – 860.

[58] JONES K E, DASHFIELD K, DOWNEND A B, et al. Search-and-rescue dogs：an overview for veterinarians [J]. Journal of the American Veterinary Medical Association, 2004 (225)：854 – 860.

[59] KAPTEIJN C M, KAPTEIJN C, VAN DER BORG J A M, et al. On the applicability of eye movement desensitization and reprocessing (EMDR) as an intervention in dogs with fear and anxiety disorders after a traumatic event [J]. Behaviour, 2021, 14 – 15：1471 – 1487.

[60] MENESES T, ROBINSON J, ROSE J, et al. Review of epidemiological, pathological, genetic, and epigenetic factors that may contribute to the development of separation anxiety in dogs [J]. J Am Vet Med Assoc, 2021, 59 (10)：1118 – 1129.

[61] RODRIGUEZ K E, LAFOLLETTE M R, HEDIGER K, et al. Defining

the PTSD service dog intervention: perceived importance, usage, and symptom specificity of psychiatric service dogs for military veterans [J]. Frontiers in psychology, 2020, 11: 1638.

[62] VAN NEERBOS E. Veterinarian and search-and-rescue dog trainer Ester van Neerbos: "Finding the diseased is very important to the surviving family members.", 2005: 245 – 247.

[63] WISMER T A, MURPHY L A, GWALTNEYBRANT S M, et al. Management and prevention of toxicoses in searchandrescue dogs responding to urban disasters [J]. J Am Vet Med Assoc, 2003, 222 (3): 305 – 310.